日韓戦争を自衛隊はどう戦うか

兵頭二十八
Nisohachi Hyodo

徳間書店

まえがき

勝海舟は「みんな敵がいい」という名言を残しています。

ナアナアで済ましてはいけないことを、歴代日本政府がナアナアで済ませてきたために、儒教圏諸国とロシアが、今、危険なまでに増長しています。

わが国はこれから、《3国同時事態》に直面するでしょう。韓国軍が尖兵となり、ロシアと中共がそれを後援し、場合によっては、北朝鮮に支援された韓国が、中共と東西同期して日本列島に攻めかかるという、困った「有事」です。

本書は、そのような近未来の危機にわが自衛隊が靭強(じんきょう)に対処できるようになるためには、「陸上自衛隊の軽空軍化」が必要であることを説いて参ります。

あたりまえの話ですが、わが国と諸外国とでは、その置かれた地理環境、周辺の政情等が、まるで異なっています。

たとえばイスラエルは、狭い国土の北も東も南も、すべて敵性隣国に陸境を接し、間断なく国家滅亡の危機にさらされてきました。直面した本格戦争や小紛争を無数に潜り抜ける過程で、その国軍の装備体系と戦術が、すこぶる高度に発達を遂げた。それは、誰もが認めているでしょう。

しからば、もしも他の中小国が、このイスラエル軍の編制や戦略をそっくり模倣したならば、イスラエルのように国家を防衛できるのでしょうか?

とてもそうなるわけがないことは、常識的にわかりますよね。

たとえばイスラエルには、守るべき「島嶼（とうしょ）」「離島」はありません。

領有する海岸の隅から隅まで警備するのにも、わずかな人員を配分すれば足りてしまいます。広大なEEZ（排他的経済水域）監視や、シーレーン防衛の必要からも免除されています。

そのかわり日本は、イスラエルのように、あとからあとから押し寄せる敵戦車部隊を連続不断に撃破し続けられなければ全土がまたたくまに敵兵によって蹂躙（じゅうりん）されてしまう——といったプレッシャーからは、海のおかげで、免れているわけです。

周囲の敵国から見ると、どうしても上陸第一波と第二波の間があいてしまうので、連続無停止の地上侵攻を、日本本土に対してはさいしょから企図し得ないのです。

接壌（せつじょう）国境では、防禦（ぼうぎょ）側も無休止で反撃し続けなくてなりませんが、対上陸邀撃（ようげき）なら、それは必ずしも絶対要件ではない。もし洋上で敵の大艦（舟艇の母船）に打撃を加えることができれば、後続波の前の息継ぎの間が大きく空くでしょう。それで、先に上陸した部隊は勢いを失うのです。

陸続きの国は一回占領されたら終わりですが、島嶼の防衛では、海上交通を絶つことで敵上陸軍も干上がります。フォークランド戦争（1982年）が近年の見本でしょう。

本書の第2章では、旧冷戦末期の1980年代までイスラエル軍の経験を北海道にそのまま移植しても特に問題はなかったAH（攻撃ヘリコプター／対戦車ヘリコプター／戦闘ヘリコプター）の既往を振り返り、その運用思想がポスト冷戦期の90年代以降、どのように日本の地政学的新情勢とは合致しなくなっているかを整理してみようと思います。

そして本書の第3章以下では、最新の地政学的な所与環境の中で、どうして陸自が「AH」を捨てて「固定翼軽攻撃機（ライトアタック＝LA）」を中軸装備に据えるようにすることが、《3国同時事態》の危機を凌（しの）ぎやすくしてくれるかを、ご説明します。

「ライトアタック機（Light Attack Aircraft）」は、近年の米空軍が、ターボプロップ単発の固定翼武装機（先の大戦と朝鮮戦争で長く活動した「P－51ムスタング」の進化形と思えばよい）を呼ぶときに使う名詞です。短く「ライトアタック」とも言います。

陸上自衛隊を、このライトアタック中心の編制に変革して「軽空軍化」することで、目下の自衛隊が抱える大難題である「人手不足」問題が解消されるとともに、わが国の近未来の防衛費も、合理的に節約されるはずです。

　空軍部隊ではなくて陸軍部隊をそっくりそのままライトアタック化してしまうというドラスティックな編制改革は、地方軍隊の中央に対する反乱を常に警戒せねばならず、小型高性能なターボプロップエンジンの製造基盤がない中華人民共和国には、量的にも質的にも対抗することはできません。唯一わが国だけが有利になる軍事国策なのです。

日韓戦争を自衛隊はどう戦うか——〈目次〉

第1章　韓国との戦争を考えるときが来た

第2章

「攻撃ヘリ（AH）」の戦訓に学ぶ

第3章 なぜ自衛隊はAHに見切りをつけるべきか

第4章 陸自の「軽空軍化」で日韓戦争に備えよ――「スーパーツカノ」を中心に

装幀——赤谷直宣

第1章

韓国との戦争を考えるときが来た

米軍が韓国からは出て行かない理由

日本人のわれわれにとり、対韓国戦争とは、《3国同時事態》と同義である。

なぜなら、韓国単独では日本と「開戦」はできても「継戦」ができないからだ。

在韓米軍の意向、あるいは在韓米軍の有無とも関係なく、韓国が「継戦」できる条件があるとすれば、それは、韓国の味方に中共と北朝鮮がついた場合のみ。

さらにまた、海上封鎖によってすぐに音を上げる韓国よりもずっと長く継戦し得て、多少とも日本国の領土を奪取できる可能性もあるのは、中共軍だけだ。

だからこそ日本側としては《3国同時事態》を考えておくことが必須の作業である。

本書が提議している陸自のマルチドメイン改造等を推進することでその対処方法さえ確立したならば、そこにもうひとつロシアも加勢してくる《4国同時事態》が生じたとしても、日本は自衛戦争をマネージすることができるだろう。

どうしてそう言えるのかを合点するにも、在韓米軍の意味を深く理解していただかぬことには、始まらぬ。やや字数がかかるけれども、以下、お付き合いくだされたい。

仮に「日韓戦争」がいきなり始まると想像する。

建前上（法令上）はともかく、実際的・現実的に、韓国大統領は、米韓連合司令部の同意を得ることなく、水面下で韓国軍の将校たちと共同謀議しながら韓国軍に直接呼びかけて、日本の原発や送電グリッドの弱点、データセンター、電話・通信施設、鉄道駅、空港、レーダーサイト、航空自衛隊浜松基地（早期警戒機部隊の拠点）等に向けて、多数の巡航ミサイルと弾道ミサイルを発射させることが可能なのである。

そのようにしていったん日本との戦争状態が発生してしまえば、あとは国民の自然な反日感情に火がつくので、手続きの問題などは誰も気にかけなくなる。大統領がどんな命令でも勝手に次々と出せるようになるのだ。

もともと近代国家ではないので、国内法も国際法も無視されてしまう。こうなると、まったく北朝鮮や中共と変わりはない。

開戦奇襲に日本のＭＤ（ミサイル防衛）は無力

これまで巨費を投じてきた日本のＭＤ（ミサイル防衛）は残念ながら、この韓国軍からの開戦奇襲（ミサイル攻撃）の第一波を阻止することにはほとんど失敗するだろう。

（ついでながら付言しておく。「10年後にはできるようになる」といった説明は、政府・防衛省として、いかがわしいとは思わないか？　敵の兵器庫はその間、増強もされないのだろうか。）

艦載型の戦術ミサイルは、ほんらい対航空機用のものであっても、沿岸まで近寄って発射すれば、日本海側の原発建屋（たてや）の特定階に当たるように誘導することが可能だ。開戦の前なら小型艦が「無害通航」を装って岸まで近づいてしまう方法はいくらでもある。また対艦用の巡航ミサイルならば、ことさら近寄らずとも、その最大射程から発射してしまえば、陸上の特定の建造物は狙える。

国際海峡である津軽海峡を横切る送電用海底ケーブル（北本連系線）は、貨物船を使った韓国海軍のフロッグマン工作によって爆破切断されるだろう。電信用の海底ケーブル（全世界のインターネット通信量の9割は海底線が頼りである）も、日本近海の各所で切断されるだろう。

2018年に北海道で起きたような「ブラックアウト」（全戸停電）が、本州・九州・沖縄県で生ずれば、中央（官邸）は、対韓国戦争の指揮にばかり集中してはいられない。殊に、稼働していない状態でも「冷却プール」に燃料棒（使用済みのものと未使用のもの）が置かれっ放しであるわが国の原発建屋が同時一斉的に爆撃を受け、その数カ所からでも、放射性同位元素の雲が漏出しはじめたなら、国内のパニックと政府の周章狼狽は、想像に難くあるまい。

自家発電機がある末端の自衛隊基地が、いつでも出動のできる状態になっていても、大混乱状態の官邸から一向に反撃の命令が出されなければ、敵の空爆を消極的に防ぐことができるだけなので、わが国の損害は2日目以降も増すばかりかもしれぬ。

しかし、開戦から3日が過ぎると、敵の弾薬ストックのうち、スタンドオフ攻撃のできるミサイル類は射ち尽くされてしまう。あとは、日本海上空での小競り合い（空戦や海戦）がダラダラと続くようになるだろう。

韓国の対日攻撃用ミサイル戦力

外務省と防衛省が、北朝鮮の脅威ばかりに国民の関心が集まるように仕向けていた間に、まんまと韓国軍は、対日攻撃用の一大ミサイル弾薬備蓄を充実させた。

ポスト冷戦期を通じて韓国は、《北朝鮮軍に対抗する必要》を、ワシントン向けの説明（大義名分）として、その裏で《対日戦争用》の長距離ミサイルの開発と整備を熱心に追求していた。

ここで、韓国を中心とした主要攻撃目標までの距離を確認しよう。

ソウル市から平壌までは195㎞ある。

釜山市から平壌までは520㎞である。

ということは、北朝鮮軍がソウル市を砲撃してきたとき、即時に報復できるようにしたいのであれば、韓国軍が装備する地対地ミサイルの射程は500㎞あれば足りた。

米国は、韓国軍が長射程の地対地ミサイルと核兵器を手にすることを冷戦中から警戒し、1979年に、射程180㎞以上の弾道ミサイルを開発もせず配備もしないことを、韓国政府に誓わせている。

この「覚書」は2001年まで改訂されず、1997年に「ATACMS」という、潜在最大射程が300㎞ある米国製の地対地弾道ミサイルを韓国に売ろうというときにも、敢えて射程が145㎞しかない「ブロック1」だけが対象にされている。

しかし1994年の米軍による北朝鮮核施設爆撃作戦計画が、ジミー・カーター元大統領のでしゃばりのおかげでフイになってしまうと、翌95年から韓国政府は、射程500㎞の弾道ミサイルを持ちたいと米国政府に訴えるようになり、それがクリントン政権に聞かれなかったために、隠れて「覚書」を無視して国内開発を模索し始めていた。

1998年の北朝鮮による「テポドン1号」発射実験をうけた翌99年には、ついに韓国独自に射程300㎞級の弾道ミサイルの試製に乗り出した。

米国のパターンとして、ある信用できない「同盟国」が一定性能の兵器を自主開発しそうだと見るや、それよりやや良い、近似レベルの性能の既製品を適価に提供しようと申し出る。また、そのパターンを知っている韓国では、できてもいない国産ミサイルの性能についてマスコミリークさせることで、米国製の高性能兵器を入手しようと図ることもある。

韓国の策動を見て米国もやや態度を変え、2001年に、「覚書」に代わる「米韓ミサイル

射程300㎞のATACMS地対地弾道ミサイル。韓国軍が持っているのに、自衛隊が持っていない装備のひとつだ。（写真／ウィキペディア）

指針」が合意される。以後韓国は、射程が300㎞、弾頭重量が500㎏までの弾道ミサイルを開発したり配備してもよいことになった。

そこで米国は、「ATACMS」の射程300㎞あるバージョンを韓国に売却した。それは2004年4月から韓国軍に配備されている。このときから韓国は、熊本市以北の九州、および山口県などを、弾道ミサイルで攻撃できるようになった。

韓国軍は06年に「ミサイル司令部」を創設し、同年末には米国と合意した「指針」も無視して射程1000㎞の「玄武（ヒョンム）3B」巡航ミサイルの発射試験を開始した。

他方では1998年に極東ロシア軍基地近くのスクラップに混ぜて、廃棄されたロシア軍の短距離弾道ミサイルの部品を一式かきあつめたものを元にして、射程300km以上ある「玄武2B」弾道ミサイルも設計していた。

「玄武2B」は車載式のクラスター弾頭ミサイルとして完成し、2009年から部隊配備される。

前後して、射程1000kmの巡航ミサイル「玄武3B」が、2008年からこっそりと量産され始めた。

一連の動きには感づいていたはずの米国は2012年、「米韓ミサイル指針」の改定に応ずる。そしてこのたびは、射程800km・弾頭重量500kgまでの弾道ミサイルと、トマホーク級の巡航ミサイルの、韓国による開発・配備を承認した。

そこで韓国政府は堂々と2013年からの五カ年計画で、「玄武2B」と「玄武3」を総計1700発整備することを決めている。

2016年には韓国メディアが、「玄武2」と「玄武3」の総配備数は800発だと伝えた。

2017年、射程800kmの車両発射型の弾道ミサイル「玄武2C」の試射が成功した。いよいよ名古屋市までが、韓国の弾道弾の射程に捉えられたことになった。

また同年の報道で、韓国軍はすでに射程1500kmの「玄武3C」巡航ミサイルも実戦配備していると公表された。その開発は2010年頃からしていたらしく、水上軍艦から発射しても射程５００km以上だという。

この「１５００km」の意味を知るために、半島中心の地理について再度確認をしたい。韓国の陸続きの最南端、すなわち全羅南道の海南(ヘナム)市の南方の海岸近くの道路から、北朝鮮領土の最北端、すなわち咸鏡北道の穏城(オンソン)あたりまでを測れば、１０１７kmである。

ということは、北朝鮮の陸上の軍事目標をすべて韓国軍が地上発射式ミサイルの射程に収めたいのであれば、韓国製地対地ミサイルの射程は１０００kmあれば足りてしまう。

ついでに、ソウルと北京の間の距離は９５２km、また韓国東岸の浦項(ポハン)市から東京までは９３６kmだということも承知しておこう。

韓国南部の光州(クアンジュ)から上海および舟山群島（上海沖の海軍拠点）までは８００kmもない。

地上発射型で射程が８００km〜１０００kmある巡航ミサイルに、対艦用のセンサーと弾頭を取り付けることができれば、韓国軍は黄海の出口を制圧可能かもしれない。

しかし敵艦が今どこに向かっていて、どの辺にいるのかを知るすべがなければ、低速力で低空を飛ぶ巡航ミサイルの射程ばかりが長くても、それは目標軍艦を予期海面で発見することができない。ゆえに米海軍ですら、冷戦中からある主力対艦ミサイルの「ハープーン」の91年試作型「ＡＧＭ−84Ｄブロック１Ｄ」の射程を３１５kmにとどめた上で、予期海面で目標を失探した場合の自律捜索飛行をプログラムしていた。おそらく、だいたい１００kmから２００kmの間でないと、低速巡航ミサイルは水上軍艦には当てられないのだろう。水上艦に実装されている「ハープーン」のほとんどは、そのくらいだと思われる。

ならば、地上発射型巡航ミサイルの射程を1500㎞にも延伸しようとする韓国は、一体、それを用いてどこを攻撃したいのか？

韓国江原道の日本海に面した東草市から北海道の根室市までの距離を測ると、だいたい1550㎞である。また、ソウル市から先島群島の波照間島までの距離は1540㎞ぐらいだ。

1500㎞級の巡航ミサイルは、日本列島を隅々までカバーできる攻撃兵器にできる。こういう武器を持つことが韓国人の悲願だったのであろう。しかし、韓国政府の真の宿意はそのレベルにはとどまっていない。

射程1500㎞級の巡航ミサイルの燃料を減らせば、弾頭重量を増やすことができる。韓国の狙いは、北朝鮮からこっそり核弾頭（その重さがどのくらいあるのか、誰も知らないが）を貰い、それを1500㎞以上級の巡航ミサイルに搭載して、東京を照準することであると考えられる。

米国政府は、核不拡散が米国の国益にとり至大の意義があると考えているので、韓国政府の表向きの説明は信用していない。

米国のノースロップグラマン社によると、高々度無人偵察機の「RQ－4　グローバルホーク」が高度1万8000mに上昇して長さ250㎞のDMZ（幅4㎞の南北境界線）に沿って飛べば、そこから鴨緑江の向こう側の中共領土までビデオカメラで撮影できてしまうという。

そこで2011年に米国は韓国政府に対し、このグローバルホークをDMZ沿いに飛行させたいと求めたのだが、北京からの強い反発を忖度した韓国政府は、それを拒否した。イ・ミョンバク政権（２００8年2月〜２０１3年2月）時代にはもう韓国はすっかり中共の仲間入りをしていたことが分かると思う。もちろん歴代駐韓大使は逐一ホワイトハウスに報告しているはずだ。

さらに韓国政府は２０１２年に、複座攻撃機の「Ｆ－15Ｋ」から発射する兵装として、ロッキードマーティン社製の「ＡＧＭ－１５８　ＪＡＳＳＭ」空対地ミサイル（射程３７０㎞）を２００発購入したいと米国政府にリクエストしたのだが、米国務省がそれを承認しなかったので、ならばと翌年ドイツから「タウルス」を１７０発買うことに決めている。契約は２０１３年11月である。

ドイツとスウェーデンが共同開発した「タウルスＫＥＰＤ３５０」空対地ステルス巡航ミサイルは、ドイツ軍が２００５年から装備するほかに、スペインにも輸出がされている。射程は５００㎞あり、弾頭のセンサーが地形データを照合しながら、特定建物や、地下工場へ正確に突入して破壊することができるものだ。

米国が「ＪＡＳＳＭ」の対韓国輸出を認めなかったのは、最先端のミサイル技術情報が韓国人から中共軍へダダ漏れになるのではないかと懸念したためだった。そもそも韓国軍にそれをリクエストさせたのも、中共軍エージェントかもしれないのだ。

「タウルス」のメーカーの方はそんな懸念にはお構いなく、ソウル市内に事務所を開設して、技術移転や将来ミサイルの韓国との共同開発に協力している。２０１６年にはさらに韓国が90発を追加購入することも発表されている。

２０１６年末までに最初の40発が引き渡され、ただちに韓国空軍部隊に配備して実戦使用できる状態にしたという。

韓国指導部の「事大&反日」路線は、パク・クネ政権（２０１３年2月～２０１７年5月）下でも揺るぎは無く、むしろますます堅固だった。「タウルス」がいつか照準する目標が、朝鮮半島内にだけあると思っていたら、甘すぎるだろう。

玄海、島根、高岡原発……さらに浜岡原発までも「タウルス」の狙うところとなるかもしれない。

北朝鮮の対日ミサイル攻撃はない

ここで読者が知りたいのは、日韓戦争が発生するとき、在韓米軍はどうしているのか／どうするつもりなのか、であろう。

米韓相互防衛条約も、日米安保条約も、米国側に「自動参戦」を強いる条約ではない。片方が「侵略（aggression）」を受けたときだけ、助太刀すると決まっている。

日韓戦争は韓国からの攻撃で始まる。韓国が国際宣伝に失敗し、露骨すぎる反日へイト戦争に乗り出せば、米軍は日本の側に立って戦闘加入する。

しかしホワイトハウスには高度な政治判断も必要だ。「３国」側の宣伝や脅迫が巧みであれば、米国政府は表向きは中立を決め込むことになるかもしれない。

北朝鮮の関与の度合いも読者は気になるだろう。

もし北朝鮮軍の実戦部隊が、韓国軍と対日戦で「共闘」をしている証拠が押さえられれば、米軍は「これ幸い」とばかりに北朝鮮に対する猛爆撃を開始できる大義名分を得てしまう。

北朝鮮指導部が今日まで生きながらえてこられたのは、そのような名分を決して米国に与えないという鉄則を守ってきたからである。彼らの頭が狂わないかぎり、これからも、そうするであろう。

《３国同時事態》が発生したとき、直接的参戦は控えて韓国に対する口先応援と、水面下での間接支援に徹するプレイヤーが、北朝鮮だと考えてよい。

忘れてはならないのは、今の北朝鮮の軍事外交指導者の頭の中は「対米サバイバル」だけだ、ということだ。一方、中共の軍事外交指導者の考えている第一優先課題は「米国の弱体化」である。

韓国が日本を攻撃すれば米国は弱体化するから、中共は裏で常に韓国をけしかける。当然の理屈なのだ。陸続きの北朝鮮を通じて軍需物資を韓国に与える用意もある。そして日韓戦のために日本の南西方面防衛態勢が綻(ほころ)びてきたと思えば、じぶんたちに都合のよいタイミングで参戦（尖閣占領）するだろう。

北朝鮮は、もし《今、対日戦にコミットすれば、それが対米サバイバルに結びつく》と判断されたときは、対日攻撃に直接に加わる。

しかしそうなる可能性はきわめて薄い。

もちろん、韓国より先に対日攻撃を始めるようなことはない。なぜなら、その場合米国は、日本を「プロクシ」（代理人）として後援し、北朝鮮や中共を低烈度の長期戦で疲弊させて亡ぼしにかかることもできるからだ。

むろんのことに、もし北朝鮮が弾道ミサイルを日本に向けて発射するような参戦の仕方をすれば、米軍は直接に北朝鮮領土を空爆できる口実を得てしまう。そのスタイルも、巡航ミサイル空襲からステルス機空襲、戦略爆撃機空襲まで、オプションは無限なのだ。

わが国の近隣では韓国だけが、常人の考えるような「勝敗」などを度外視して、いつでも対日戦を空想している。そのような狷介(けんかい)なひま人は韓国人だけである。戦争はまず韓国軍の対日攻撃から始まると考えてよいだろう。

ロシアは、海上封鎖で弱った韓国に、継戦のための武器・弾薬・需品を売り込むことで、巨利を追求するであろう。ロシア軍が極東で日本と交戦しても、ロシアは旧帝政時代の領土を復元できるわけでもない。彼らの意識する「失地」は満洲なのだ。

ロシアが対日参戦すれば、米海軍は潜水艦を使ってオホーツク海とベーリング海の主だった港湾を簡単に機雷封鎖してしまう。これはロシア海軍のSSBN（戦略ミサイル原潜）の動きを封ずるためだが、結果として、ロシアは揚陸艦も補給艦も動かせなくなる。

ロシアには、米国をバックにしている日本との戦争への参入というハイリスクに伴うハイリターンが見込めない。

すでに韓国以下のGDPしかなくなっているロシアには、《バルト三国の再併合》という大課題を実現できなくする極東での消耗戦には、踏み込みにくい。

それよりも、日韓戦争が長期化するように韓国に燃料と食糧を売ってやれば、ロシア以上に露骨に韓国を後援し共闘せんとする中共が、南シナ海方面でだんだんに対米全面戦争に巻き込まれる確率が高まってくれるだろう。その結果、中共が米国によって亡ぼされてくれたなら、その暁にこそ、帝政ロシア時代以来の欲望の対象だった満洲の大農地を、ロシアは棚ボタ式に手に入れることができる。これまでずっと不可能であった、シベリア駐留ロシア軍のための食糧の自給（地産地消）が、初めて実現するのだ。

韓国が、対日開戦の前からであれ後からであれ、北朝鮮と軍事的または政治的に一体となった場合、米国政府は、韓国軍が保有する米国製兵器のメンテナンスに必要な部品や、継戦に必要な軍需物資等を、韓国に対して禁輸するであろう。

その措置によって、韓国軍の主要装備の多くは、時間とともに、カタログ通りの機能ができなくなっていく。

韓国が、ロシアや中共から、兵器・弾薬の供給を対日開戦の直前に得ていたり、あるいは対日開戦後に、燃料を含む軍需物資の供給をロシアや中共から受けるようになった場合は、米国政府は、すくなくともバランサーにはなろうと考え、日本の自衛隊にだけ、弾薬や軍需品を供給するカウンター政策をとるであろう。さもないとロシアや中共が戦後に調子づいてしまって手に負えないからだ。

日韓戦争の参考になる「フォークランド戦争」

1982年のフォークランド紛争勃発時、米国とアルゼンチンの関係は特段、悪くはなかった。しかし米国は、英国側にだけ重要な衛星情報を教えて英国の「自衛」を後援した。

外交によらずに武力で係争地を奪取しようとしたアルゼンチン軍の行動が侵略にあたると看做され、また、英国が日頃から米軍のための外交的・軍事的助力を惜しまない姿勢が、買われた。

同じパターンは、日韓戦争中にも見られるかもしれない。

韓国軍には、自国内の米軍基地を腕ずくで回収する力はない。米陸軍は、そうさせぬためにキャンプ・ハンフリーズ（平沢市）にいるのだ。

日韓戦争が始まったからといって、在韓米軍は韓国から逃げ出すことは考えない。しかし軍人の家族は、避退することになるのではないか。

いろいろな面倒が多いと分かっていながら、それではなぜ米軍は、韓国駐留をあくまで続けようと努めるのだろうか？

「渤海湾」の核戦略上の意味が変わっている

米軍、なかんずく米空軍が、固い決意のもと、韓国内に有力な基地を維持しているのには、ほとんど公けに語られることはない、大きな理由がある。

じつは、黄海の奥にある渤海湾が、中共海軍のＳＳＢＮ（核動力エンジン搭載の戦略ミサイル搭載潜水艦）の聖域になりそうなのだ。

米国市民の生命にとっての重大脅威となり得る、中共海軍のＳＬＢＭ（水中発射式弾道核ミサイル）という優先的な排除目標がすぐそこにあるが故に、韓国人からいかほど「米軍は出ていけ」とデモされようとも、米軍は韓国内に空軍基地を維持して行く。

韓国内の基地から渤海湾は近い。戦闘攻撃機が１日のうちに繰り返し何度も反覆出撃して、沿岸の中共海軍基地や造船所を爆破し、渤海湾を機雷だらけにしてやることができる。在韓米陸軍部隊は、その重要な味方の空軍基地を、韓国人も含めた敵性勢力の攻撃から守るために存在している。

このような底意はもちろん中共側にも了解されている。さるが故に、中共としては、どんな工作をしてでも、在韓米軍を追い出させたくてたまらない。韓国が日本に宣戦布告してくれれば、すくなくとも在韓米軍の活動はきわめて不自由になってしまうので、中共指導部として「米国を弱める」という大目的にかなう。

1970年代には中共が、渤海湾から発射してニューヨーク市まで届くような大射程のSLBM（水中発射式弾道核ミサイル）を手にする可能性はゼロだったので、カーター大統領は在韓米軍の総撤収を考えたこともあった（ペンタゴンによって止められた）。

しかしその後中共は、クリントン政権時代に水爆弾頭の小型化設計技術を米国から盗み出し、大型原潜も自前で建造できるようになった。やがてはシナ沿岸からSLBMを発射しても北米まで届く水爆ミサイルを手にする――と、ペンタゴンは信じるようになったのである。

1981年に中央軍事委員会主席となった鄧小平（97年の死没時まで事実上の中共ナンバーワン）が指導していた「改革開放」の一環として海南島は1988年に「省」に昇格させられた。そこに2008年には民間衛星写真でも分かるほどの「原潜母港化」工事が進められていることが判明し、じっさい今では一大海軍拠点となっている。1989年の天安門事件から2008

年までの間に、党か軍の誰かが、海南島こそはSSBN基地として秘密保持もしやすく、最適地であると考えたのだ。

その理由は、1988年に発効した「米ソ中距離核戦力（INF）全廃条約」以後のソ連／ロシア軍が保有する核ミサイル体系と関係がある。

たとえばソ連／ロシアがシベリア鉄道のイルクーツク駅近郊から海南島を核攻撃しようと思ったなら、3900kmくらいもの弾道弾射程が必要になる。それは結構な大きさのミサイルで、安価なものではない。しかもそのクラスのミサイルは、米ソが条約で定義しているINF、すなわち射程500km〜5500kmの地上発射ミサイルに該当することがごまかしようもないサイズなので、ロシアは敢えて保有することができない。ロシアは、貴重な対米用のICBM（射程5500km以上）を対支用に割かないかぎり、海南島を即興的に核攻撃することはできなかった。だから中共側からみると、対露核報復用のSSBN基地として、海南島は申し分がなかった。

ところが時とともに、困った問題がいくつも浮かび上がってきた。

中共製の最新現役SLBM「巨浪2」は、8000km〜9000kmの射程を有するとされる。計測してみると、海南島の近海から、モスクワへは距離7690km、サンクトペテルブルグまででも距離7690kmだから、今日すでに中共はロシアに対してSLBMで核報復することが、理論上は、可能になっている。

しかし問題は、「対米事態」だった。海南島からワシントンDCまでは、1万3500㎞くらいも飛距離が必要とみておかなくてはならないのだ。

なのに、「巨浪2」の射程の延伸努力が、いっこうに実を結んでくれないのである。

米国は早くも冷戦末期に「トライデントD−5」SLBMで射程1万2000㎞を達成していた。

ロシアもやっと近年だが、「トポルM」SLBMによって射程1万1000㎞を達成しているようである。

だが中共のロケット技術では、「トポルM」に追いつくことすら、まだできないのだ。

ロシアよりもロケット技術が遅れている中共が、一朝にして、米国の「トライデントD−5」を凌駕する、射程1万3500㎞のSLBMなど、こしらえられる道理がない。

となると、SSBN基地を海南島に置いておくのも得策ではないだろう。むしろ渤海湾（黄海の奥）にSSBNを集めるべきなのだ。

渤海湾からならば、ワシントンDCまでの距離は1万1230㎞まで縮む（ニューヨーク市であれば1万1100㎞弱）。それならば、運搬する水爆弾頭を思い切って小さく（低威力に）してしまえば、「トポルM」を少しばかり上回るSLBMの射程が実現できるだろう。その時点で、中共はSLBMによる対米核反撃が可能になったと宣伝できる。

しかも渤海湾には、敵国の海軍から防禦しやすいという別なメリットも加わる。

海南島はその地勢が、外洋に対してオープン過ぎた。あそこでは、いつなんどき米国海軍やインド海軍やベトナム海軍や豪州海軍の潜水艦が忍び寄り、機雷を撒くかも知れない。渤海湾ならば、黄海の南端から中央部分まで幾段にも、中共海軍みずからが防禦用の機雷堰を構築してしまうことにより、敵性海軍（主に米国と日本）の潜水艦の侵入はまったく難しくなるのである。

なお付言せねばならないのは、渤海湾は海南島よりはシベリア鉄道に近くなるから、ＩＮＦ条約が消滅してしまった今日、ロシアの核ミサイルは好きなだけ、シベリアから渤海湾沿岸を照準できる。このことは、もはや中共がロシアとは核戦争ができない国になることをも意味している。人民が貧窮にあえいでいた毛沢東時代と違い、なまじ経済発展してしまったがために、ロシアとの核戦争の結果、一方的に中共側の「失う物」が大きいのだ。

黄海は自動的に機雷封鎖される

かつて米国の理想とした極東情勢は、自由主義経済を奉ずる韓国が北朝鮮を統一し、そのドイツ型の統一国家が「反大陸・親米」路線を堅持してくれることだった。

しかしこれは中共として絶対に容認できる話ではないので、現実問題として、中共政体が北朝鮮よりも先に転覆させられないかぎりは、ありえなかった。

韓国が日本との戦争を始めると、中共としては米国を弱める大戦略の好機なので、韓国を陰に陽に応援する。

だが、韓国が中共から物質的援助を受けていることが分かれば、米国はバランサーとなるべく、日本にだけ兵器弾薬を援助して、それによって中共を苦しめにかかる。

米国指導層の頭の中のプライオリティは、「核」だ。

できれば、渤海湾のＳＳＢＮを狩りたい。狩れないなら、封じ込めたい。

ここで宣伝が打たれる。《米海軍の魚雷戦型原潜がひそかに黄海に入って待機中》という噂や、《海上自衛隊が大連港や青島港の前に潜航ロボットによって機雷を敷設する》といった噂が流される。

中共軍はかねてより、対米有事の際には黄海を、三〜四段の「機雷堰」を横断的に構築することで、みずから封鎖することに決めている（防禦的機雷戦）。それだけ、米海軍の潜水艦の侵入を恐れているのだ。

渤海湾の海岸線から北京までは百数十㎞しか離れておらず、もしそこまで米海軍の水上艦艇がひしめくようにでもなったなら、首都で政府転覆陰謀すら起こりかねないだろう。

必要なおびただしい機雷の敷設には近辺の漁船を総動員しなければならない。米潜が入ってしまってからでは遅い（中共海軍には潜水艦を探知する技術が無い）ので、敷設は予防的に、早めに実行される。

機雷堰のために黄海に大型船舶が出入りできなくなるということは、韓国の西海岸の仁川(インチョン)から木浦(モッポ)にかけて、すべて海上封鎖されてしまったのと同じことになる。

また、対馬海峡を中心に、北は竹島までも現に戦争海域になっているから、釜山港その他に近づくような民間の原油タンカーや穀物ばら積み船も影を消す。船員組合は危険海域への乗務を拒否するし、船主や荷主も、暴騰する海上保険料を負担し得ないからだ。

日本列島の太平洋側は、韓国軍の機雷に苦しめられることはないけれども、もしインドが日本側に立って参戦するとマラッカ海峡が封鎖されるので、志布志(しぶし)湾や東京湾に入る中東産の原油の価格は値上がりするだろう。その影響はしかし、中共と韓国にはもっと大きく及ぶ。

韓国「ウォン」の交換価値は最も低下して、ソウル市内は物資が欠乏するので、中産階級の貯金は瞬時に尽きるだろう。キャッシュレス決済と戦時インフレがミックスされたら、誰も手持ち流動資産の暗算などできなくなるのだ。韓国企業の株価は、暴落する。

無謀に対日戦争を始め、「緒戦連勝」というフェイクの大本営発表に酔い痴れていた韓国人たちも、次第に戦況が有利でないことを悟り始める。

「核ミサイルで攻撃するぞ」という《最終フェイク》

韓国空軍が保有する空中早期警戒管制機（ＡＷＡＣＳ）は「Ｅ－７３７」と呼ばれる比較的に安価なモデルで、航空自衛隊の高額な「Ｅ－７６７　ＡＷＡＣＳ」に比べて監視能力が劣る。ただし韓国空軍は、「対北」の有事には在日米空軍のＡＷＡＣＳ機から指揮統制される手筈なので、ふだんはそれで困ることはなかったのだ。

想定されるケースでは、韓国から日本に戦争を仕掛けた以上は米軍は韓国軍を支援しないから、日本海海上の制空戦闘は韓国側が著しく不利となるだろう。

空自の「Ｅ－７６７」と多数の「Ｅ－２Ｃ／Ｄ」に対して、韓国空軍の「Ｅ－７３７」（常時在空できるのは１機のみ）では、勝負にはなりそうにない。

空中早期警戒管制機のサポートがある側とない側とでは、「空戦」はもはや成り立たない（一方的な「七面鳥射ち」となるだけ）ことは、１９８２年のレバノン紛争でイスラエル空軍がシリア空軍に対して最初に証明し、１９９１年の湾岸戦争で多国籍軍側がまた証明し、以来、今日にいたるまで、実戦での反証が一つもない。

韓国空軍の戦闘機が逼塞（ひっそく）することで、陸自の軽攻撃機（ライトアタック）部隊は鬱陵島以北の海域まで随意に進出できるようになり、近海の小舟艇すらも見逃されなくなって、竹島の不法施設は半島との交通を完全に遮断され、洋上に孤立するだろう。

１９４２年のビルマ戦線でも、味方の「九七式戦闘機」「一式戦闘機」などが制空を確立し、低空を低速でロイタリングする「九八直協」がＣＡＳ（近接航空支援）と偵察を分業した（直協機とは当時のライトアタック。「師団」の上の「軍」に専属して、直接協同偵察した）。今後の陸自にただの歩兵や戦車しかないならば、東シナ海でも日本海でも、敵の奇襲の警戒に任ずることができぬことはお分かりだろう。

韓国国内では大企業が軒並み倒産に直面する。市中の食糧と燃料は高騰して、増える一方の失業者がソウル市内で「打ちこわし」（略奪）を始める。現代の「米騒動」だ。

ここに至って、平生「偽発表」を長技とする韓国政府は、「北の同胞から核弾頭を貰った」とのルーモアを流し、その上で「日本が停戦しないなら、核を巡航ミサイルに装着して、東京を火の海にする」と叫び始めるであろうことまでは、われわれの想定内でなくてはならない。

再三確認するように、米国政府の最大の関心事は「核」にある。北朝鮮が実際に核弾頭を南鮮へ搬出しようとすれば、米軍は介入してそれを押収する。

フェイクとはいえ北と同盟し「核の脅し」まで口にするようになった韓国政府は、米国の息がかかった韓国陸軍将校グループによってクーデターで倒される運命だろう。

身の危険を察知した韓国指導部は、戦争犯罪人として逮捕され、国際法廷で裁かれるなりゆきを避けるため、北朝鮮領からロシアに亡命するしかない。ロシアとしては、そのグループの中からゆくゆくは「第二の金日成(キムイルソン)」を育てて、将来、北朝鮮に送り込むタマにできると期待する。なにしろ「反日の英雄」であることだけは、間違いなく本当なのだから。

蓄電池は原発よりも日本を安全にする

2018年9月6日の北海道胆振東部(いぶりとうぶ)地震や、同年秋の台風24号通過に伴う東海地方の広い範囲の電力インフラ損壊で、われわれの街にはまだ「停電」のリスクがあること、甚だしくは都道府県レベルの「ブラックアウト」にすら見舞われ得ることが、天下に知られた。

韓国を含む周辺敵性諸国は、わが国のパワーグリッド(発電/送電ネットワーク)の最弱部分を小破しただけでもわが国に広範囲のブラックアウトを惹き起こせることを察してしまった。たとい原発が稼働していようと、あるいはソーラーパネルがいかほど設置されていようとも、日本国のエネルギー安全保障にとっては十分条件とならない。それらの発電設備をすべて破壊する必要もなく、ブラックアウトを人為的に起こして、日本の経済と社会の機能をいっぺんに麻痺させる良い方法があることに、いまや周辺敵性諸国は気づいている。

《3国同時事態》の際、韓国や中国から飛来する各種ミサイルは、意図的に本州～九州の大都市圏と沖縄本島の「ブラックアウト」を狙うであろう。

数量が有限の非核のミサイルを使って最大の国防体制の混乱と経済的な打撃を日本に与える良策がそこにあるのだから。

あの2018年当時、北海道のあちこちには大小の水力発電所があったし、道南にはそれに加えて地熱発電所と「北本連系線」の端末まで揃っていた。なのにどうして、まる1日以上（拙宅の位置する函館市内の場合）も、停電は続かねばならなかったか？

後からその説明を聞くほどに、《パワーグリッドで広い範囲が結びついていることは、却って大弱点をつくるだけなのだ》と、住民の間にも理解が進んでいる。

あちこちに増えた、あの風力発電タワーにしても、電力会社と売電契約をしている設備は、「外部電源」が無ければ再起動もできない仕組みになっていたという事実に、改めて呆れた人も多かったろう。

エネルギー安全保障一般について当てはまる考え方なのだが、「分散・独立した冗長システム」こそが、非常時には頼りになるのだ。

グリッドやネットワークでなんでもかんでも安易に結びつけてしまう平時感覚的な効率追求は、却って災害時や非常時に、社会損失を大きくし、個人の生命を危険にさらしてしまう。

たとえば真冬の寒冷地でブラックアウトが続けば、屋根にソーラーパネルを載せてふだん電力会社へ売電していた世帯でも、凍死者を出しかねない。そのパネルで発電された電力を、直接その世帯で利用することができないからだ。

理論的には、もし、消費世帯ごとのエネルギー自給システムが部分的に備わっていれば——たとえばソーラーパネル等で自家発電した電力をその世帯で消費もできる仕組みになっていれば——外敵はグリッド破壊にいくら成功しようとも、「ブラックアウト」を起こすことはできない。

私が2018年当時、地元のタクシー乗務員さんたちから聞いた話だと、たまたま事務所に自家発電機があったところだけが、あのブラックアウトの最中にもタクシー無線を維持して、携帯電話によるお客からのコールに対応することができたという。

しかし、すべての一般家庭が「発動発電機」を私費で常備し、メンテナンスし得るかといえば、それはとても現実的ではなかろう。

一般世帯が現実的に可能な防衛策は「蓄電池」だろう。

各世帯ごとに、相当容量の蓄電池を置き、深夜の安価な電気をそこに溜めて昼間に取り出して消費する、あるいは、再生可能発電システムや自転車ペダル式発電機等で発生させた電気も、そのホーム蓄電池に随時につぎ足し充電ができるようになっていたならば、パワーグリッドの破壊や最悪の広域停電の悪影響も、一般世帯（そこに弱者は集中する）に関しては、大幅に緩和される。

極端な表現を使うと、原発もソーラーパネルも人々を安全にしやしないが、蓄電池は間違いなく人々と社会を助け、安全にする。

……とするなら、大手の電力会社は、この蓄電池を自費で設置した世帯には、報奨金を出したとしても、採算が取れるはずだ。

なぜなら、昼間の「ピーク電力需要」に応じなければならない巨額の設備投資義務が、人々のおかげで、緩和もしくは免除されることになるからだ。

一般世帯において深夜電力が蓄電され、それが昼間に取り出されて消費されることにより、電力会社として常に維持しなければならないＭａｘの発電量ポテンシャルの目標値を、大きく引き下げることができるだろう。

殊に大手電力会社は、工期や検査期間がやたらに長びいて先々の運転時間を皮算用することもできない原発を、建設したり維持するという「金利リスク」を背負わないで済む。そのかわりに、建設工期が短かくて、営業運転スケジュールも前もって読みやすい小規模な「ＬＮＧ火力発電所」を、地域分散的に新設するだけでよくなるのだ。

これは電力会社の長期の採算を大きく改善する。

ちょっと余談にわたるが、２０１９年2月に報じられている統計値によると、米国からのＬＮＧ輸出の伸びがすこぶる好調である。19年には間違いなくマレーシアも抜いて世界の第3位になるという。ちなみに1位はカタールだが、おそらくは豪州が2位から逆転してトップに立つそうだ。

これは何を意味するかというと、日本の火力発電所が原油から天然ガスへの転換を急いだなら、冷戦以前とは違って、もはや中東からの（マラッカ海峡経由の）シーレーンが長期間途絶しても、北米や豪州からのＬＮＧタンカーはわが国の太平洋側の港に入り続けるので、電力だけはどうにかなり、鉄道と電気自動車も走り続けられる――ということなのだ。

あとは、各事業所が非常用の発動発電機を備え、また一般世帯では蓄電池を普通に備えるようにすれば、韓国の巡航ミサイルが送電施設をいくら狙っても、日本社会は持ちこたえることができるようになる。

ＬＮＧ発電所がたくさん運開する以前でも、蓄電池の普及により、原油の輸入量は、減るだろう。国家の総合安全保障にとっても、これは良いことずくめである。

２００３年に米国北東部で起きたブラックアウトの例では、復旧までに1週間を要した地域もあった。このような「空襲被害」を、東京圏で起こさせてはなるまい。

大事なことなので、繰り返す。ＡＩ時代に電力インフラの安全を担保するキーワードは《分散独立系》である。蓄電池と一対になっていない「再生可能エネルギー」は、住民を安全にしない。もし行政が税制等で優遇をしたいのならば、ソーラーパネルや風車ではなく、蓄電池（それは電動アシスト自転車の二次電池でもよい）や発動発電機（それは原付オートバイのエンジンから出力できる端子装置にすぎないものでもいい）を優遇した方がずっと《健全》である。

そしておそらく官庁が乗り出すより先に、大手電力会社の経済的イニシアチブでその普及を、加速させられるはずなのだ。

第2章

「攻撃ヘリ（AH）」の戦訓に学ぶ

必要なものと、必要でなくなったもの

切迫する《3国同時事態》を凌(しの)ぎ切るためには、わが陸上自衛隊は、固定翼の軽攻撃機（ライトアタック）を中心装備にした「軽空軍」に生まれ変わっている必要がある——と筆者（兵頭）は考える。

その「ライトアタック」の有用性を説明することは、AH（攻撃ヘリコプター）の現下における無用性を説明することと表裏をなすものである。

そこで、いささか迂遠(うえん)のようだが、まず、戦後冷戦期の西側世界のAHについておさらいをし、次いで、陸自が冷戦末期に導入して意義のあった「AH－1」対戦車ヘリコプターと、ポスト冷戦期に調達して失敗した「AH－64」戦闘ヘリコプターについて順番に私見を述べ、その上で最後に、ライトアタックの代表機種「EMB－314　スーパーツカノ」の解説に進みたい。

冷戦がピークにさしかかったとき攻撃ヘリ構想が生まれた

１９６０年代後半から70年代前半、世界の石油需要（すなわち工業経済の成長）は一貫して右肩上がりだった。

が、ソ連国内産を除いた世界の石油生産量の増産ペースは、その需要にはただちには追従しきれないでいた。

結果として、ソ連は石油貿易を通じて巨額の外貨を蓄積した。ソ連石油の輸出先は主に東欧だったが、国際石油市場では、最終的な買い手が、最初の原油の生産地が共産圏であったかどうかなどは問わないので、全世界が買い手だったとも言えよう。

これで軍事財政上のかつてない余裕を得たソ連の国防省は、その資金を惜しみなく、欧州のＮＡＴＯ正面の機甲師団の拡充に投入した。

おそらく数万両の戦車の波状攻撃の矢面に立つことになると覚悟した西ドイツ陸軍、フランス陸軍、および在独米陸軍は、ヘリコプターから対戦車ミサイルを発射する、本格的な兵器システムを開発することが、コスト・パフォーマンス上、有意義な対策になるのではないかと考えた。

そのシステムを完成させるには、実用的な対戦車ミサイルと、実用的な「武装ヘリ」が出揃わなければならない。

それらの技術要素は、戦後、どのように発達したのだろうか。

フランスが「対戦車ミサイル」を完成

まずフランス軍の技術的貢献を確認しよう。

1940年にドイツの機甲部隊のためにあっけなく国境部隊を無力化され、パリを明け渡して降伏したという苦い思い出を有するフランスは、第二次大戦後に発奮し、軽便（ジープで運搬して、歩兵が野外で取り扱える）かつ安価な、戦車阻止用の誘導弾薬を装備しようと構想した。

1948年に開発をスタートしたその対戦車ミサイルは、1955年に「SS.10」として完成する。弾径165ミリ、弾頭重量5kg、射程は1600mと、十分なものであった。

のちに第四次中東戦争で劇的な戦果を挙げるソ連の「AT－3」（NATOコード「サガー」）や、日本の陸上自衛隊が装備した最初の国産対戦車ミサイル「64式対戦車誘導弾（MAT）」等も、この「SS.10」から間接的に影響を受けた製品群だ。

米陸軍でも注目して輸入し、1960年1月に装備化している。

米陸軍がUH-1B輸送ヘリコプターに実験的に搭載したフランス製対戦車ミサイル「SS.11」。ここからアパッチへの道が始まった。（写真／ウィキペディア）

引き続いてフランスは、「SS.10」の射程を3000mにまで延伸し、弾頭重量も6・8kgに強化した重対戦車ミサイル「SS.11」の開発も1953年から始めさせた。

こちらは、装甲車両やヘリコプターに搭載し、その状態から発射し、誘導することが念頭されていた。仏軍は1956年から自軍装備にこれを加えた。

ちょうどその頃、殖民地であったインドシナ（今のベトナム、ラオス、カンボジア）が1954年に武闘の末に独立する流れが定まったことが刺激となって、同54年の末からフランス政府は、アルジェリアをめぐる武力争乱に巻き込まれていた。フランス本国からの分離独立に頑強に反対したのは、現地に定着していたフランス人（白人）たち（軍人も含む）と仏本国の一部の将校たちで、彼らは、先住の有色アルジェリア人と内戦を繰り広げただけでなく、フランス本国の高官をもテロの対象にした。仏政府は、西ドイツに駐留させていた正規軍部隊の一部を引き抜き、アルジェリアに送り込んで、反乱兵や武装ゲリラの鎮定にあたらせねばならなくなった。

そこでフランス空軍は1956年、双発の軽輸送機である「ダッソー MD311」×1機に「SS.11」を試験的に搭載。それを使ってアルジェリア山岳地帯で、反政府軍の洞窟陣地を攻撃した。これがうまくいったため、在アルジェリアの「MD311」機はことごとく「SS.11」で武装させられる。

さらに1958年には、在アルジェリアの仏軍の「アルウェト2」ヘリコプターが「SS.11」を実戦発射し、回転翼機からのミサイル運用のさきがけとなった。その後、空対地発射用に洗練された「AS.11」もできて「アルウェト3」ヘリコプターに搭載され、アルジェリア独立戦争が終息する1962年まで同地で作戦している。

当然、米軍も注目した。1961年に「SS.11」を輸入したアメリカ陸軍は、「UH-1B」中型輸送ヘリコプターに据えつけて、ベトナムの戦場まで送り出した。1965年10月、彼らは戦闘状況で「SS.11」を発射したという。

アルジェリア戦争中、フランス軍は、米国製の「H-19」ヘリコプターに20ミリ機関砲を固定して地上を銃撃する試みでも先鞭（せんべん）を付けた。用いられた火器は、旧ドイツ軍が航空用武装にしていた「ＭＧ１５１」。軽量であったので、「Ｈ－34」ヘリコプターの片側のドアガンにもできたという。さすがに当時のヘリコプターの馬力では、２門を両サイドに載せることは無理だったようだ。

ベトナム戦争で米軍がヘリ運用を本格化

次に、ベトナム戦争中に世界最多のヘリコプター運用団体に成長するアメリカ陸軍の足跡を確認しよう。

さかのぼると、１９４４年、フランスに上陸した米陸軍の砲兵隊が、固有の観測機（単発・高翼で低速である）に、２・36インチ（60ミリ）の対戦車ロケットランチャー（いわゆるバズーカ）を2～4門くくりつけ、空からドイツ軍の戦車を攻撃できるのではないかと考えたという。当時、西ヨーロッパの制空権はほぼ連合軍が手中にしていたため、そんな実験すら可能だったのだ。

観測機「Ｌ－４　グラスホッパー」に、60ミリのバズーカを6門とりつけた1機の改造機が、じっさいに１９４４年9月20日、すくなくもドイツ軍の装甲車両×４両を擱坐（かくざ）させたと、米陸軍によって主張されている。

次に、朝鮮戦争が始まって間もない1950年8月、こんどは米陸軍と海兵隊が、1機の「ベル　HTL－4」ヘリコプターに、3・5インチ（89ミリ）のバズーカを1門とりつけて発射する実験を済ませたという。

初期のヘリコプターはまだ「ターボシャフト」エンジンではなく、ガソリン燃料のレシプロ・エンジンだったので、重武装には限界があったが、汎用ヘリコプターの側面ドアから降着予定点を7・62ミリ機関銃で掃射することは、朝鮮戦争中から米海兵隊が実施していたと言われている。

米軍は、1960年代にベトナム戦争に深入りする。輸送用ヘリコプターも、1961年末から持ち込まれた。

米国が後援していた「南ベトナム」の陸地の広がりは、その南端から北ベトナムとの境（北緯17度線）までを測っても1000km弱（サイゴン市から北緯16度のフエ市までならば640km）というところで、日本の本州の縦の長さ1219kmに及ばない。統一ベトナムの南北の長さだと1650kmになるが、ヘリコプターに「北爆」ミッションを期待する者など、いなかった。

インドシナ半島は、暑熱地ではあるが高山帯はない。よって、燃費が悪く、長距離飛行ができず、高地ではパワーが出なくなるヘリコプターであっても十全に活躍ができた。

米軍が、軽量で強力なターボシャフトエンジンを搭載した中型兵員輸送ヘリコプターや、大型輸送ヘリコプターを、「空を飛ぶ騎兵隊」だと評価してインドシナ半島での対ゲリラ戦闘で大々的に利用するようになると、共産ゲリラ（北ベトナム兵が、南ベトナム領内に便衣で浸透していた）は、米軍ヘリが降着しそうな地点を予想してその付近に隠れ、14・５ミリ重機関銃や、対戦車ロケット擲弾「ＲＰＧ」を、急に射ちかける戦術で応じた。

この待ち伏せ反撃による損害を無視できない米陸軍は、ただちに中型輸送ヘリ「ＵＨ－１Ｂ」等の一部を護衛専用任務機に改造し、自動火器やロケット弾で降着地を制圧せしめるようにした。１９６２年のことである。

が、護送される輸送ヘリ隊よりも、できれば護衛する武装機の方が高速で進出し、敏捷に飛び回ってゲリラを探し、降着地の安全を確保したいという欲がヘリ部隊内から出てくるのは、自然なことだった。

「ＡＨ－１　コブラ」という成案

じつは、「ＵＨ－１Ｂ」のメーカーであったベル社は、１９５０年代の半ばから、そうした武装ヘリの構想を温めていた。

なので、早くも１９６２年6月に、「ＵＨ－１」の機体をスリム化（＝軽量化）して、その分、重武装をほどこした専用武装ヘリの試案を、陸軍に持ち込んでいる。

その武装は、「SS．10」対戦車ミサイル、機首下部回転銃塔の40ミリ自動擲弾砲、そして胴体下にポッドで吊下（ちょうか）する20ミリ機関砲……といった欲張ったものであった。

米陸軍は興味を示し、1962年末に、試作のための予算をつける。

1963年7月にできあがった試作品は「スー・スカウト」（スー族インディアンの斥候）と名が付けられた。敏捷性を狙って全体に小型で、機首下部銃塔は備えていたが、対戦車ミサイルと機関砲は搭載していなかった。

陸軍は評価試験したのち、1964年に、これでは非力すぎると結論する。

諦めないベル社は1965年1月、自社資金100万ドルを投じて、後の「コブラ」にかなり近い攻撃型ヘリコプターの試作に挑むことに決めた。

「モデル209」と名付けられたその試作機は、同年9月にはロールアウトし、ただちに初飛行した。

この時点で米国は、ベトナムに5万人もの将兵を貼り付けていた。ジョンソン政権（1963年11月22日～1969年1月20日）は、泥沼の長期戦争をいつまでも続けられないと焦っており、陸軍も各方面からの批判の十字砲火を受けつつあった。

米陸軍は1965年に、国内の各メーカーに対し、輸送ヘリの着陸点を固有の火力で制圧できる、対地攻撃専任の武装ヘリの候補機があれば提案するよう、呼びかける。

結局1966年4月、本命の「モデル209」が、ライバル社の提案を軒並みしりぞけて、いきなり110機の製造契約をかちとった。これが「AH－1G」で、まだ対戦車ミサイルは装備できていない。

「コブラ」という呼称がこのとき陸軍によって正式に付与された（ベル社では「ヒューイコブラ」と呼ばせたかった。「ヒューイ」はUH－1に前線の兵隊たちが付けた仇名）。

試作の「モデル209」では、接地スキッドが飛行中は胴内に引きこまれるようになっていたのだが、「コブラ」では、丈夫な固定式に変更された。キャノピー素材は、透明なプレクシグラスから、重厚な防弾ガラスに改まっている。

それから6年をかけ、各種搭載火器とのマッチングが取られた。「ベトナム以後」の対ソ地上作戦を懸念するようになった米陸軍の関心のひとつは、米国産の本格的な対戦車ミサイル「TOW」を、コブラから運用させることだった。

対戦車用の「TOW」ミサイルの開発

新しい攻撃ヘリの開発と併行して米陸軍は、「SS．11」に代わる、ヘリコプターから発射できる本格的な国産対戦車ミサイル「TOW」（チューブから発射し、光学装置で誘導し、有線で指令信号を伝える、の頭文字列）の研究を1963年から推進させていた。

背景として、1958年にフランスの大統領に就任したドゴールが、西ドイツとは和解を図る一方で、米国の世界政策には一貫して批判的であったので、フランス製を上回る性能の米国製のミサイルを、意地でも同盟陣営に普及させてやろうという意気込みはあったであろう。

ヒューズ社が完成した「TOW」は1968年から量産に入り、米陸軍は1970年から装備化する。

初期型の射程は3000m（今は3750m）。弾径は5インチ（152ミリ）で、充塡炸薬は3・9kgだった（今は6・14kg）。

「TOW」のブースター・モーターは0・05秒で燃え尽きる。したがって、格納保存容器を兼ねたチューブから飛び出したミサイルの後方噴流によって、傍（かたわ）らの誘導員が顔面等に受傷する危険はない。

ミサイルがチューブから7mほど前方の空中に推進したところで、こんどはサスティナー・モーターが点火。

さらに発射後1・6秒経つとサスティナー・モーターも燃え尽き、あとは慣性飛翔を続けるのだ。

弾頭の信管は、発射から0・18秒後、すなわち発射機から65m離れたところで、加速度計によって活性化される。あまり近い距離で不意に爆発すれば、破片で射手に被害が及びかねないから、それを予防する安全機構だ。

「コブラ」の対戦車ヘリとしての仕上がり調整を待てぬ米陸軍は、ベトナム戦争終盤となった1972年に、輸送ヘリの「UH－1B」にTOWを積み込ませ、敵戦車相手に実戦テストさせてみた。

この試験チームは、5月2日、アンロク村の近くで北ベトナム軍の戦車複数（南ベトナム政府軍から鹵獲（ろかく）した「M41」だったという）を撃破したという。

また、5月末までに、TOWによってソ連製の「T－54」戦車を撃破できることも確認ができたというが、こちらはヘリからの発射ではなかった模様だ。

本格的「対戦車ヘリ」のデビュー

「AH－1G　コブラ」は、1967年6月にはベトナムに持ち込まれている。翌68年に共産側が仕掛けた「テト攻勢」の弾雨の洗礼も受け、以後、1973年3月末のベトナム総撤収まで奮闘した。

海兵隊も1968年に、エンジンが双発で強力な「AH－1J」を発注した。

TOWを装備した対戦車型のコブラ「AH－1Q」は、ようやく1973年9月にテストされた。ベル社には、１０１機のＧ型コブラに、ＴＯＷ発射能力を与えてＱ型にグレードアップする仕事が、発注された。

　この時点では開発チームの関心はもはやインドシナから去っていただろう。世界の軍事関係者に衝撃を与えた第四次中東戦争が起きるのは、１９７３年の10月である。

　ここまでを概括すれば、各型のコブラのベトナムへの総進出機数は、陸軍だけで１１００機にもなったという。そして73年の総撤退までに、約３００機のコブラが失われたそうだ。

　その間、Ｇ型による特異なレスキュー・ミッションも敢行されている。サイゴン郊外のビエンホア基地を発進した米空軍の「Ｆ－１００」攻撃機が、飛行場から北へ２００マイルの地点で共産軍によって撃墜されてしまい、パイロットがパラシュートで脱出した。その空軍大尉を、陸軍のＡＨ－１Ｇが救出してきたのだ。空軍大尉は、スキッドに乗り、コブラの機体側面にしがみついて拾い上げられ、その状態で生還を果たした。

　長期にわたって泥沼の続いたベトナム戦争は、米国の財政を疲労させた。

　そのあいだにソ連軍の方は着々と、核戦力と通常戦力の双方を増強し、その成果はめざましいように見えた。

　単純に戦車の数を比較すると、欧州ＮＡＴＯ地上軍は、いかにも歩が悪いように思われた。イスラエル軍からの情報によって、ソ連製戦車の主砲の命中率が悪いことや、防禦力（防弾装甲）が見掛け倒しであることは知られたものの、西側戦車の防禦力も、ソ連製のＨＥＡＴ弾

始業前にAH-1Sコブラのエンジン点検扉を開けたところ。ローターハブにはまだカバーがかかっている。（写真／小松直之）

（成形炸薬理論を応用した、対戦車ロケット弾や対戦車ミサイル等）の前には脆弱であることが、第四次中東戦争でハッキリ証明されたし、そもそも実戦では東側にあらゆる奇襲のイニシアチブがある。

西側諸国陣営の航空戦力を総合すれば、ソ連に対してなお優位にあると信じられたけれども、もしソ連軍側が地対地ミサイルに核弾頭やガス弾頭を装着して奇襲的に多用するなどした場合には、航空基地そのものが使えるかどうか分からないのだ。

こうした未知なる将来への「保険」として、最新鋭の攻撃ヘリ（対戦車ヘリ）は、有意義なオプションであるように思われた。

だが、70年代〜80年代の「攻撃ヘリ」事情を見る前に、フランス軍とドイツ軍はどうしていたのかも、振り返っておかなくてはならない。

仏独共同開発の重対戦車ミサイル「HOT」

米国のTOWに遅れること1年、フランスと西ドイツは、「SS.11」の後継となる強力な重対戦車ミサイル「HOT」の開発プログラムを1964年に始動させた。

名称の「HOT」の意味だが、これは「高速域の亜音速で」「光学誘導される」「チューブ発射式」の頭文字列である。

1960年代は、モスクワ発の間接侵略工作が、西欧諸国内の社会主義を標榜する諸政党、および各方面のマルクシズム礼賛知識人を媒体機関として、成果を収めつつあるように見えた。外国の内部の党派分裂的紛擾(ふんじょう)に呼応するようにして侵略戦争を仕掛けるのがソ連流の手口であるから、国防当局者は真剣に対戦車兵器を充実させようとした。

ソ連地上軍を象徴する、おびただしい数の戦車。これを、同数の戦車を揃えて並べるのではなく、戦車よりも単価の低い「対戦車誘導弾」によって、敵の戦車砲の射程の外側から全滅させることができるのだ、と西欧諸国が内外に信じさせることができれば、モスクワ発の間接侵略工作の元気も、なくなるはずであった。

HOTの弾頭の装薬は、その初期型から5kgもあった(最終の3型だと6・48kg)。これは、仮に成形炸薬ではなかったとしても、また、ダイレクトヒットせずに至近弾になったとしても、その衝撃波と爆圧だけで、戦車を小破〜中破させられるポテンシャルを有することを意味した。プロ軍人ならばそこは明瞭に理解ができるので、このＨＯＴが何千発、何万発も量産され、ＮＡＴＯ軍にストックされていると知られただけで、ソ連軍の侵略作戦発動の心理的な敷居は厭でも高くなる理屈だった。

威力がある代わりにＨＯＴには制約があった。ＨＯＴの射出用ブースターはきっかり１秒間、燃え続ける。つまり、米軍のＴＯＷと異なり、キャニスターを兼ねている保管チューブから飛翔体が飛び出す瞬間に、高熱ガスの激しい噴流がまだ続いているのだ。もし味方の歩兵が近くに立っていれば、負傷する危険があった。ＨＯＴの誘導手は、必ず、装甲車やヘリコプターの内部にしっかり隔離されて、炎から防護されていなければならなかった。（仏独軍は、歩兵用には「ミラン」という軽量の新鋭対戦車ミサイルを別に用意している。）

ＨＯＴのサスティナー・モーターは、その後、17秒間も燃える。

このおかげで、最大射程の４０００ｍ（最終の3型では４３００ｍ）近くなっても、大きくコースを修正できる余裕があった。

射手は、装甲車内であれば潜望鏡を睨み、そのヘアクロスを目標に合わせ続けるだけでよかった。当時最新のメカトロニクスが、ミサイルの尾端から発せられる赤い輝閃（きせん）光源とヘアクロスのズレとを判別して、自動的に修正信号を有線で送った。

ただ、HOT専用の暗視装置は1980年代まで実用化せず、夜戦で発射する場合は、何らかの照明が必要だった。この点はしかし、ソ連軍でも同様だ。

HOTの弾頭部は、敵戦車の傾斜した装甲鈑に対して、浅いオフセット角で衝突することを想定し、先端カップの周縁部が内側にひしゃげることによって電気信号が作られて、弾底信管が起爆する設計になっていた。

ただし、ランチャーからの距離50mまでは、安全装置が働く。

HOTは1975年に完成した（米軍のTOWの部隊配備より2年遅い）。量産開始は翌76年。78年には月産800基に達して、ようやくその年から部隊に配備される。

当初は、ドイツ軍もフランス軍も、「対戦車駆逐戦車」に搭載した。

ヘリコプターからの誘導は「潜望鏡」の設置の関係があり、これまでに未経験の設計と洗練に手間取ったのは無理はない。

西ドイツのHOT搭載対戦車ヘリ「PAH-1」

西ドイツは、空虚重量1・3トン強の小型サイズながらエンジン（アリソン製ターボシャフト）を2基搭載し、それによって運動性を著しく軽快にした、シングル・ローター型汎用ヘリコプ

旧西ドイツ軍の名機 Bo 105 武装ヘリコプター。HOT ミサイルを誘導するスコープが左席天井に付いている。1986年当時の雄姿。（写真／ウィキペディア）

ターの世界的なベストセラー「Ｂｏ１０５」を、対戦車用に改造してＨＯＴを搭載させればよかろうと考えた。

つまり、米軍の「コブラ」のように前後タンデム座席として正面シルエットを絞り込んだ専用の「対戦車ヘリコプター」（もしくは「攻撃ヘリコプター」）は、西ドイツとしては未来の開発課題にしておいて、とりあえずは、汎用の「武装ヘリコプター」にＨＯＴの運用機能を担わせることで、喫緊の対ソ抑止戦力を拡充しようとしたのだ。

このドイツ連邦国防軍の目論見は、今から振り返るとすこぶる妥当で、最も現実的にその軍備の政治的「ゴール」を達成した好例のように見える。

メッサーシュミット・ベルコウ・ブ

ローム社が1967年から2001年まで生産した「Bo 105」ヘリコプターは、正副パイロット+乗客3名を乗せることができる。

HOTの登場に10年も先行して、飛行性能に不足のないこの名機があったのは幸運だった。西ドイツ陸軍は1972年に、偵察/軽輸送用ヘリコプターとして「Bo 105」の最新バージョンを100機採用することに決めると同時に、同機からHOTを6発まで発射できるように改造した「PAH-1」型もメーカーに発注した。

PAHのPは、ドイツ語で戦車を、Aは防衛を、Hはヘリコプターを意味する（のちに日本の防衛庁が「AH-1S」を「対戦車ヘリコプター」と名付けたとき、これが参考になったかもしれない）。「Bo 105」は航続距離が564kmあり、1991年の販売単価は186万ドルだったという。

メインローターのハブ機構に、独自のシンプルで頑丈な機構を採用したおかげで整備性が良く、しかも双発なのでエンジンがひとつ停止したとしても墜落しない。なかんずく操縦の微妙な応答性には定評があった。

「PAH-1」は、1979年から1984年まで212機納品された（偵察型の調達は77年に完了）。HOTも、仏独あわせて、冷戦末までに7万発も量産されている。

欧州ソ連軍の脅威がピークに達しようとしていた趨勢に半歩も遅れをとることなく、西独軍の立体的な対戦車戦力は十分な水準を実現したのだ。

フランス陸軍の「HOT」搭載「ガゼル　SA342M」ヘリコプター

第二次大戦後に海外殖民地を次々と喪失したフランスは、その穴を埋める活路のひとつとして、積極的に国産武器を開発し、輸出しようとした。それは首尾一貫した国策だった。

魚心があれば水心もあった。世界の武器需要者は、米国製兵器やソ連製兵器だけに頼ってしまうことの危うさを、本能的にわきまえていた。米国製兵器には定評があったが、米国は他国に対してさまざまな難癖をつけ、優秀兵器の輸出を禁じたり、武器弾薬の供給を停止したりする。

そこに、フランスが独自のエンジンで独自の航空機を製造し、独自の兵装（ミサイル等）も運用できますよと売り込むことができたならば、よろこんで買いたがる国は、たくさんあったのである。

フランス陸軍は、２系統の国産ヘリコプター、すなわち１９５７年から「アルウェト２」（胴体後部がスケルトン構造の軽偵察ヘリで、国産ターボシャフトエンジンを初めて搭載し、乗員１＋乗客４まで可能。75年まで製造された）、そして１９６０年からは「アルウェト３」（乗員２＋乗客５まで可能。85年まで製造される）を、どちらも、偵察・連絡・軽攻撃等に用いていた。

やがて、この2機種の後を継ぐべき新鋭ヘリコプターの開発が、国策として要請された。メーカーのシュド・アヴィアシオン社（のちのアエロスパシアル社）は、5~6人乗り（操縦士含む）の偵察ヘリ、もしくは民間輸送ヘリとなる「ガゼル」の設計に1966年からとりかかって、1967年にはプロトタイプの「SA340」を初飛行させた。

翌1968年には、フランス独自の創案である「フェネストロン」（単軸回転翼機のローターのトルクを相殺するのに必要な尾部ローターを、胴体尾部に埋め込み式にする工夫で、空気抵抗が少ないことから高速巡航が可能になり、かつ、接触事故の危険も減ずる）も完成して面目を一新した。

この間、英軍および英国ウェストランド社との間に共同事業の合意も成り、英軍が292機のガゼルと48機の「ピューマ」を取得する（ガゼルについては262機を英国内で製造）かわりに仏海軍はウェストランド社の「リンクス」を艦載ヘリとして40機輸入する運びとなった。

量産型のガゼルの初飛行は1971年8月。当初、ローターのヒンジ機構をドイツの「Bo 105」と同じリジッド式にしようとしたのだが、それが高速飛行時に具合が悪いと分かって再設計したために、時間がかかったという。

フランス陸軍への配備開始は、1973年である。

フランス陸軍が採用したSA342Mガゼル。エンジンは単発なのが見て取れよう。
（写真／ウィキペディア）

このうち、仏陸軍軽飛行隊に所属した「ガゼル　SA342M」が、HOTミサイルを4発搭載する対戦車機仕様だ。

しかし、前述のように、HOTの装備化は1978年と遅れるので、それ以前のNATO諸国部隊の中では、米軍の「AH－1」が新鋭対戦車ヘリとして異彩を放ち続けた。

軍用型のガゼルには、HOTミサイルの代わりに、20ミリ機関砲を胴体に固定することもできた（給弾はキャビン内からする）。

英国がライセンス生産したガゼルは、対戦車型ではなかったので、フォークランド紛争に投入された英陸軍所属機の最大の兵装も、68ミリ・ロケット弾どまりである。

フランスは1988年から翌年にかけ、中國人民解放軍に対してガゼル×8機とHOTミサイルも輸出した（89年の天安門虐殺事件で西側諸国からの兵器調達は不可能になる)。これが中共軍が手にできた最初の攻撃ヘリとなり、以後、参考にされ、模倣が試みられたけれども、良いエンジンを国産できないことがネックとなって、いまだに成功にはほど遠いところにある。

「ガゼル　SA341」型の空虚重量は908kgと、「Bo　105」より軽い。巡航速度は264km/時、高度は5000mまで昇ることができ、航続距離は670kmあった。

ドイツ製の「Bo　105/PAH－1」は、まだ戦場で本物の敵戦車にHOTを発射したことはない。代わりにフランス製のガゼルが、HOTの威力を戦場で証明してくれた。

シリア軍の貴重な経験

1980年9月下旬から、イランとイラクが長期戦争に突入した。このとき、イラク軍は、HOTを射てるガゼルを40機も擁していた。

しかしその戦果がどうだったのかは、知られていない。イラン軍には、英国製の、重装甲が自慢の「チーフテン」戦車が、パーレビ国王時代に輸出されている。このチーフテンを含む現代の戦車に対してHOTが有効なのかどうか、誰もが知りたかったが、とうとう、分からずじまいだった。

ただ、ＨＯＴミサイルの歴史的な実戦での初弾は、この戦争中にイラク軍のパナール装甲車（フランス製で、6×6駆動）から放たれたものだったことだけは、分かっている（やはり戦果不明）。

イラクやシリアのような武器の買い手は、ソ連兵器だけに頼りたくはないが、他方で米議会がＴＯＷ（やコブラ）の輸出を邪魔するので、ＨＯＴ（やガゼル）を買うというパターンが多かった。

１９８2年6月、北隣のレバノン国内からＰＬＯ（反イスラエル武闘集団であったパレスチナ解放機構）を駆逐するという名分をかかげてイスラエル軍は大軍で越境侵攻し、ＰＬＯ等の後ろ盾としてレバノン領内に勝手に入り込んでいたシリア軍との、激しい戦闘が生起した。

6月8日、シリア軍所属のガゼルが、初めてＨＯＴによってイスラエル軍の戦車（実戦初参加の「メルカヴァ」が含まれていた）を射撃して撃破したという。

両軍の激しい交戦は9月に終息したが、その間にシリア軍は、５機のガゼルを失った代わりに、イスラエル軍戦車を30両から50両、破壊したと主張している。

これに対してイスラエル軍は、敵のＨＯＴによって7両のイスラエル軍戦車がやられたものの、シリア軍のガゼルも12機撃墜してやった、と反論している。

シリア軍のガゼル部隊は、米軍が洗練した西側諸国軍の当時の対戦車ヘリ戦技の教科書通りに「ポップアップ」射撃に徹していたそうである。それでも、防勢局面での対戦車戦闘は容易ではないということが明らかになった。

しかし、この戦役後のシリアが、16機しかなかったガゼルを買い増して50機とし、そのうえさらにソ連から50機の「ミル24」攻撃ヘリも購入していることは、シリア軍も対戦車ヘリコプターの価値を肯定的に評価したことを示唆するだろう。はたして、イスラエル軍の「コブラ」の活躍に脅威を感じ、それに対抗する必要を感じてのことかどうかまでは、分からない。

１９９０年、イラクから侵略されたクウェートは、15機あったガゼル（ＨＯＴ運用可能な型）に何らの反撃行動をさせることなく、全機をもってサウジ領内に逃亡した。ここでも、武装ヘリを「防禦」の局面で運用することは難しかったようだ。ただ、ペルシャ湾岸の産油国ではしばしば、王族の子弟が、パイロットや軍人としての適性とは関係なしに、高性能軍用機のパイロットになる特権を謳歌していることには注意が必要だろう。

１９７３年の第四次中東戦争におけるイスラエル軍の戦訓

イスラエル空軍が対戦車ヘリコプター（または武装ヘリコプター）を導入しようと決めた事情を理解するには、彼らが「第四次中東戦争」（別名「ヨムキプール戦争」）からいかなる教訓を与えられたかを知らねばならない。

陸続きの敵国複数に領土を取り巻かれているイスラエルはその建国いらい、「国民皆兵」制度を採用している。

これは、常備兵力に加えて、いざとなったら市井の庶民（青年と壮年の予備役兵や老人の後備役兵）を総動員するのだけれども、いかなる国も、平時から大規模に軍事動員しっぱなしというわけにはまいらぬ。

なにしろ生産の担い手が職場から抽出されて、ただ消費するばかりの軍隊にとられてしまうのだ。その動員が解除されて予備役・後備役兵たちの復員帰郷がなされないうちは国民の経済活動は麻痺し続ける。生産は急落するのに消費は続く。時間とともに国家は困窮し、この世ながら餓鬼道に陥るほかなくなるだろう。

そこで平時には現役兵力をどのくらいの規模で維持するかが、諸国家の重大問題になる。もし敵国が弱そうであるならば、わが現役兵力（装備弾薬の備蓄も含む）は寡少でも安全だろう。しかし敵国の侵略能力が侮れないと予想される場合は、現役兵力をそれだけ充実させておかないと、国家が危うい。

がんらいイスラエルは「このくらいなら緒戦で退却しても大丈夫」と考え得る地積に余裕がない（これを、戦略的縦深（じゅうしん）が小さい、と表現する）。すなわち、北のシリア国境と南のエジプト国境から、それぞれ２００㎞も攻め込まれたら、イスラエル国家は、文字通りに消滅させられてしまう。したがって、平時からいかに周辺敵国の能力を偵知し、過不足なく評価するかに、イスラエル国民の生死はかかっていた。

しかるに第四次中東戦争にさきだつ1967年6月に、イスラエルは「開戦奇襲」の賭けに出て、わずか6日間にして、エジプト・イラク・ヨルダン・シリアのおびただしい航空戦力や戦車戦力をほぼ一掃し、シリア領のゴラン高原や、エジプト領シナイ半島（つまりスエズ運河通航料金徴集権の半分の根拠になり得るその東岸）を含む広い外縁領土を軍事占領してしまった（第三次中東戦争）。

この勝利が、イスラエル指導部の眼を一時的に曇らせた。

アラブ軍が装備していた、当時のソ連製の最新型戦車「T－54／55」は、新鋭の米国製「M48」戦車であればもちろん、最初期のイスラエル軍の中軸だった「シャーマン改造戦車」でも撃破ができた。敵の戦車が存外に弱いということは、「戦略縦深」を欠くイスラエルには大朗報である。

軍参謀本部と政府の要路は、もし今後、アラブ側がイスラエル領への電撃地上侵攻を試みても、わずかな常備戦力の国境守備隊でその前進速度を遅滞させてやることは十分に可能であろうと計算するに至った。つまり、イスラエル側には予備役を動員する時間的な余裕が確実に与えられる。その動員兵力によっておもむろに逆襲し、敵軍を国境外に撃攘（げきじょう）すればよいのだと、彼らは楽観した。

しかるに、新しくエジプトの大統領に就任したサダトは、前任の故・ナセル大統領よりも、アラブの戦略家として一枚上手であった。

サダトは、大きな政治目標を「イスラエルの消滅」ではなく、米軍（または国連平和維持軍）に介在させることによる「シナイ半島返還・保持」（言い換えると、エジプト政府の大収益源であるスエズ運河の支配権の安堵）に限定設定し、そのために必要なことは何かを考えた。

答えは「一撃して実力を誇示し、陣地で防禦しながら停戦交渉すればいい」であった。

第三次中東戦争のような一方的なボロ負けを喫したままでは、いくら米国が口を利いてくれても、イスラエルがシナイ半島等を返還する気になるわけがない。いまやスエズ運河の通航料徴集者となる地位まで欲望しつつあるイスラエル国民が納得しない。だから、《アラブ連合軍は場合によってはイスラエルを攻め亡ぼせるのだ》というポテンシャルを、一回イスラエル国民に対して思い知らせた上で、領土返還交渉に臨む必要があった。

そのためには、こんどは断然、アラブ側から南北同時に奇襲開戦する。それを成功させるためには、イスラエル軍を慢心させ、イスラエル政府を疲れさせ、イスラエル国民を危機に対して麻痺させてやる「お膳立て」も必要だ。

サダトは、エジプト軍の砲兵部隊に停戦境界線越しの挑発砲撃をダラダラと続けさせたり、大規模な軍事演習のための動員を繰り返した。しかも、スエズ運河を渡河攻撃させようとするかのような動きを示してイスラエル側を緊張させておいて、結局なにもせずに部隊をＵターンさせてその演習を終わるといった翻弄を、１９７３年９月まで反覆した。

並行してエジプトは、平和イメージを気にするモスクワとしてはおいそれと第三世界に供与はしにくい大型爆撃機をわざとソ連に対し要求。イスラエル軍の分析者をして、その爆撃機の入手ができないうちはエジプト軍として開戦には踏み切れないのだ、と思い込ませた。

9月、シリア軍機とイスラエル軍機の小競り合いが地中海上空で発生し、これに反応する形でシリア陸軍が、イスラエルが占領中のゴラン高原の停戦ラインに集中し展開した。

エジプトは、すべて偶然のタイミングの一致であるように装いつつ、またしても大規模な演習動員に着手した。その間のシリアとエジプトの絶妙のコーディネイトには、裏からのソ連の手引きがあったものと想像ができるが、証拠は無い。

10月6日の昼過ぎ、T－55戦車を主力とし、SU－100自走砲や、最新鋭のT－62戦車、BMP歩兵戦闘車、コマンドー部隊を運べる「ミル8」型ヘリコプター、トラック車載の多連装ロケット砲などを擁するシリア軍の大兵力が、ゴラン高原に対して一斉攻撃を発起した。

北部ゴラン高原で全滅しかけたイスラエル軍

ゴラン高原は、シリア領土の南西端で、南北をレバノンとヨルダンとに挟まれて西方へ張り出し、イスラエル北部のガリラヤ湖に境を接している広い丘陵地だ。イスラエルから見れば、ここに反イスラエル勢力の軍事拠点を構築されると、自国の中枢都市までの戦略的縦深はないも同然である。よって第三次中東戦争でここを占拠してしまったイスラエルは、二度とシリアに返還するつもりなどなかった。シリアからすれば、幾度でも戦争をしかけて奪還したい動機が十分にある。

ゴラン高原の南部では、イスラエルの大都市からの兵站線（へいたんせん）が短いために味方の守備隊は後方から増援を受けやすく、シリア軍の前進はなんとか阻止できそうだった。

しかしゴラン高原の北部はもともと守りが手薄だった上、兵站線は細長い。動員された予備役部隊も、首都に近いゴラン高原南部の方へ優先的に回されたので、10月9日まで、現地守備兵力（現役部隊）だけが孤軍奮闘することになり、状況はそこではかなり厳しかった。シリア軍側に着眼があれば、北部ゴラン高原では、イスラエル軍は全滅したかもしれなかった。

イスラエル軍は、第四次中東戦争から多大な教訓を得る。

「オール・タンク・ドクトリン」は間違っていた

シナイ半島は植生に乏しい沙漠が見渡すかぎり広がっているので、敵軍の動静は遠くからよく視察ができる。

しかもイスラエル軍の戦車は、当時最先端の英国製105ミリ高初速砲（センチュリオンとM48の備砲）や、フランス製のAMX－13軽戦車（69年まで多数を保有していた）用のHEAT弾（対戦車ミサイル類似の成形炸薬弾）が発射できる105ミリ砲（M51「スーパーシャーマン」の備砲にした）で、武装されていた。

加えて、1967年に大量に鹵獲して予備機甲部隊の装備に編入したT－54／55戦車も、主砲は100ミリだ。

第二次大戦初期の標準野砲（75ミリ）や高射砲（90ミリ）以上の口径の加農砲が戦車に搭載されるようになった。だったら、沙漠地帯ではもう、支援砲兵や随伴歩兵に手伝ってもらう必要もない。戦車だけをたくさん揃えて、この戦車固有の砲と機関銃とによって、敵兵（エジプト兵）を撃攘してしまえばいい――と、イスラエル軍は考えた。

第三次中東戦争を経て装備も戦技も士気もこの上なく高まったイスラエル戦車部隊の幹部将校たちにとって、次の対エジプト戦は、戦車だけでも楽勝であるように錯覚されたのだ。

しかしエジプト軍は、その経済的な理想主義の代価を、現実の戦争で支払わせた。

そもそも1両の戦車の車内の弾庫に格納しておける砲弾の数など、高の知れたものである（イスラエル改造のセンチュリオン戦車で、105ミリ砲弾が64発）。

その数十発のなかに、ほんらい味方の野戦砲兵や歩兵の重火器（迫撃砲など）が担当してくれたはずの、敵歩兵や敵砲兵を制圧するのに適した「榴弾」を混ぜておくことになるだろう。

だが、榴弾を増やすなら、肝心な対戦車用に特化している弾薬（たとえば徹甲弾）の数は減らすしかない。そしてまた、いかに榴弾の割合を増やしたところで、僅々30発にすぎぬ上、現代の本格的野砲である１２２ミリ〜１５５ミリ榴弾砲にくらべたら、その１発の毀害威力範囲はずっと小さい。

おまけに戦車の照準器は、直接視認できる暴露目標にしか精密な射弾を送れない。曳火信管（榴弾を敵の頭上で炸裂させる、可変式タイム・ヒューズ）の射撃にも対応していない。

着発信管の小口径榴弾を低伸弾道で撃ちかけるだけだと、よく準備された塹壕陣地に籠もっている敵歩兵を殺傷することはほとんど不可能だ。

おまけに戦車の火砲は、駐退復坐装置をコンパクトにすべく、最初から大仰角がかけられない設計なので、最大射程は敵の野戦重砲（１５２ミリ榴弾砲や１２２ミリ加農砲）、あるいは１０５ミリ級の榴弾砲に必ず劣ってしまう。十分に届く距離であっても、稜線の向こう側に隠れて曲射弾道で撃ちかけてくる敵砲兵（迫撃砲を含む）には、まず有効な反撃はできないのだ。

このため、エジプト軍が塹壕を掘って防御陣地で待ち構える態勢に入っているところへ、敢えて戦車だけで反撃に向かうことは、優秀な火砲を備えた戦車が味方に何百両あろうが自殺行為にすぎないことを、イスラエル軍は学んだ（10月6日から13日まで）。

イスラエルにとって幸いなことに、シリアに対して義理を感ずるサダトが、エジプト軍に塹壕陣地から飛び出して攻勢を取ることを厳命してくれたおかげで、第三次中東戦争の再現のような、機動力で敵を翻弄して袋叩きにする快勝を収めることができた（10月14日）。このときのエジプト歩兵は、地表に全身むき出しであるために「サガー」を落ち着いて誘導することができず、かたやイスラエル軍の方は、フランス製の「SS．11」対戦車ミサイルを装甲車両（詳細不明）上から発射できたという（その戦果は不明）。

敵は昨日と同じ装備・戦術では攻めてこない

シナイ半島でもゴラン高原でも、アラブ軍側が事前に展開し得た「SA－6」などの地対空ミサイルは、ソ連製最新システムへの対策研究を怠っていたイスラエルの空軍機を、序盤からバタバタと撃墜してしまった。

このためイスラエル軍は開戦後しばらく、砲兵の支援射撃の代用を、味方空軍機のCAS（近接支援爆撃）に期待することができなくなってしまった。

「AT－3　サガー」対戦車ミサイルの射程は、戦車の機関銃で有効に制圧できる距離を上回る3000mあった。誘導する歩兵は、塹壕に半身を守られており、イスラエル軍戦車の105ミリ砲があてずっぽうに射撃を加えても、まず直撃は免れた。「サガー」には米国製の「M48」戦車であろうと破壊ができる威力があることは、ベトナムで1972年に証明済みである。

ゴラン高原北部(涙の谷)に押し寄せたシリア軍は、最新鋭のソ連製戦車T-62や、同じく最新鋭の装軌式歩兵戦闘車BMP(車上から「サガー」も発射できる)を伴っていた。旧式のT-55の一部も、イスラエル軍戦車(センチュリオン改造型)には未装備だった暗視装置を搭載。守備部隊は450mまで敵戦車を引きつけて、月明と味方砲兵の照明弾とを頼りに戦車砲で仕留める接近戦を余儀なくされた。しかるにシリア軍の随伴歩兵多数が、ロケット式対戦車擲弾(てきだん)RPGを装備していたため、混戦になればなるほどシリア軍が有利になってしまった。

深刻だった戦車の主砲砲弾不足

ゴラン高原の南部は、イスラエルの中枢都市からも近く、兵站線(へいたんせん)が太いので、緊急召集されたイスラエルの予備役兵が搭乗した戦車部隊等が、逐次に援兵として増強された。しかしゴラン高原の北部は、兵站線が細くて長いので、けっきょくイスラエル中央から戦車の増援を与えることは1973年6月9日になっても不可能だった。

現地に最初から布陣していた現役の部隊(戦車約170両)だけで、不眠不休の激戦をじつに4日間も続けさせられたのだ。旅団長は、麾下(きか)の戦車を夜間に3両ずつ後退させては、燃料・弾薬を自力で補給させるしかなかった。戦車自体も消耗したが(最終的に可動25両まで減ったという)、より深刻に欠乏したのは、戦車の主砲砲弾だった。

イスラエルの戦車兵は、シリアの戦車兵よりも速いサイクルで、照準し発砲できる練度を有していた。そのことが、1弾が命中して内部の乗員が全滅した敵戦車にさらにもう1発、確認の射弾をお見舞いする流儀を促し、ますます急速に残弾を涸渇させた。なまじ、戦車砲の口径が、昔の75ミリとか90ミリではなく、105ミリにまで増大していたために、搭載できる弾数は最初から少ない。各戦車の残弾があと数発になったとき、乗員は恐怖を感じ、敵火から遮蔽された位置から前進することを躊躇した。上長指揮官の機動命令にも従えなかった。

麾下のすべての戦車の主砲弾が残り1発とか0発になれば、旅団長としても、退却を決心するしかなくなっただろう。まさにそのタイミングで、シリア軍の方が退却をしてくれたのだ(一説には、イスラエルからの核攻撃の脅迫が効いたのだともいう)。

イスラエルは「コブラ」に何を期待したか

第四次中東戦争は、多くの教訓をイスラエル人に与えて、1973年10月下旬に終息した。イスラエルはゴラン高原を死守した。

シナイ半島には25日から国連の停戦監視機構が入った(さらに1978年のキャンプデービッド

合意で、エジプトがイスラエルを国家承認する見返りに、イスラエル軍はシナイ半島から撤収する）。

１９７３年の10月14日以降、イスラエルは米国から、ジェット戦闘機や戦車、対戦車ミサイル（地上発射型ＴＯＷ）を含む、おびただしい兵器援助を受け取ることもできた（ニクソン大統領がゴルダ・メイア首相に対して9日に、損耗した戦車と航空機はすべて米国が補充してやると確約を与えていた）。

しかし停戦後に戦訓を整理したイスラエル政府は、あらためて米国政府に対して「ＡＨ－１コブラ」の輸出を要求する。米国からの援助リストには含まれていない、新規品目であった。イスラエルが、それまで積極的な関心の対象外であった「攻撃ヘリ」を評価する気になった理由を想像すれば、以下の通りであろう。

第四次中東戦争が思い知らせたように、開戦のイニシアチブが陸続きの周辺敵国側にあった場合、イスラエルが敵陣営の意図を察知できても、防戦のための総動員は敵の奇襲侵攻には絶対に間に合わない。なぜなら陸続きの敵は、こちらが急速な予備役動員を完了できたのを見たときには開戦を延期してしまって、「演習を終了した」と宣言することが、幾度でも可能である。それに対してイスラエルが、緊張の連続に倦み、庶民の不満の声や経済コストにも怯（ひる）んで予備役総動員をためらったり、あるいは敵をみくびり油断して僻遠地の守備陣容を手薄にしたままであるのが看取されたときに、これなら勝てるだろうと信じられる兵力を集中して、敵国は本当の攻撃をかけてくるのだ。

接壌国境を守備する国軍は、距離的・時間的にじゅうぶんな間合いが与えられる海洋によっては隔てられていない不利を、せめて、大運河・大河川を障碍帯として利用することや、人工的な対戦車壕や地雷原をめぐらすことによっていくぶんなりとも補償し、敵の迅速な突破を不随意たらしめたいと期待する。

だが敵国からその障碍帯までが陸続きであれば、敵はいともたやすく後詰めの工兵機材や穿貫部隊を任意の諸地点へ送り込める。ここは防禦が弱いと見切られた一点にすばやく兵力を集中できるので、最前縁の防衛線は必ずどこかで穴が開き、浸透されてしまうのだ。

つまりイスラエル軍はおそらく今後も、開戦直後の敵の猛攻を2日間もしくはそれ以上にわたって支えるのは、平時常備兵力、すなわち現役の将兵たちだけになると覚悟する必要があるだろう。使える弾薬も、さいしょの数日間は、前線近くに事前に集積されている弾薬だけである。

されば、敵から目をつけられた最前線の弱小守備隊を、場所が北の端の山地であろうと南方の沙漠であろうと関係なく、すみやかに駆けつけて濃密に掩護することができる兵科とは何か？

なおかつ、敵戦車部隊の前進スピードを遅らせ、後方での予備役動員の時間を稼いでくれる装備は何か？

当時のジェット戦闘攻撃機は、この点では頼りにならないという教訓が得られていた。新鋭の中高度用の対空ミサイル「ＳＡ－６」を回避するためには、味方航空機はできるだけ低空から接敵する必要があると分かったが、当時の軍用機の対地攻撃用照準システムは原始的なので、自機のスピードのため、低空から敵戦車を十分に識別して狙い撃つ余裕は得にくい。

さらに、敵地上部隊の頭上を高速かつ低空で航過するときに、レーダー射撃統制機能を備えたソ連製の自走対空機関砲「ZSU－23－4」(23ミリ機関砲を4門備え、交互に2門ずつ発砲して途切れさせない)の餌食にもなりやすいのだ。

超低空を任意の低速度で進退でき、しかも、被撃墜率を下げる着意のもとに特別にデザインされたという米国製の「攻撃ヘリコプター」ならば、以上の悪環境を超克して、シリア軍やエジプト軍が今後いくたび再挙襲来しようとも、地形や道路接続にも関係なしに最も遠い前線まで最速でかけつけて、入れ替わり立ち替わりに空から連撃し続けることで敵地上軍の前進を遅滞させ、もって、イスラエル軍の予備役総動員に必要な数日間の時間を稼いでくれるのではないか、と期待をかけたのだ。

イスラエル軍による攻撃ヘリの運用開始

1975年、米国(前年8月のニクソン大統領の辞任により、副大統領だったフォードが政権の残り期間を運営していた)は、まずコブラのG型を6機、テスト評価のためにイスラエル軍に提供する。能力評価は米国内の演習場で実施された。

G型は非対戦車型（ロケット弾ポッドを吊下）であるが、Q型（TOWを発射できる型）だと想定しての、実戦的シミュレーションが繰り広げられた。

その結果、1機の攻撃ヘリが被弾墜落するまでに、敵戦車を平均して20両、撃破できるだろうと結論された。

これは、もし20機の攻撃ヘリを持てば、それは2個の機甲旅団を持ったにも等しいことを意味した。常備兵力（現役部隊）を平時から無制限に多くは揃えられないイスラエルとして、大朗報に違いなかった。

翌1976年には、エンジンなどを強化した「AH-1S」が登場。イスラエル軍は、これもすぐに採用する。

イスラエル軍のコブラ（同国軍ではAH-1にもTOWにも独自の名前を付けているのだが、読者の便宜のため、本書では米国の呼称で説明する）の初陣は、1979年5月9日の対テロ作戦であった。

北の隣国、レバノン領内に蟠踞（ばんきょ）する、反イスラエルのゲリラのアジトに対して、2機のコブラが4発のTOWを発射。命中させたという。

しかしイスラエル軍による一連の対テロ越境攻撃は、1977年1月に登場した米国の民主党カーター政権からは、よろこんでもらえなかった。

ソ連製兵器の弱点が暴露された「レバノン侵攻作戦」

少しさかのぼると１９７６年、ＰＬＯ（パレスチナ解放機構）に半ば国土を乗っ取られていた状態のレバノン政府が、隣国シリアの軍事介入を要請したのを承け、５月にシリア軍が進駐し、いらい、シリアがレバノンの事実上の主人になっていた。

シリアがソ連から援助されて装備する地対地ミサイルが、もしレバノンの南端に展開されれば、テルアビブ市やエルサレム市は攻撃され放題になる。また、やはりレバノン南部にシリア軍の長距離砲が布陣すれば、ゴラン高原を確保しているイスラエル軍の後方域が火制されることになろう。それに呼応してシリア軍地上部隊が腹背から突出してゴラン高原を奪い返そう――という魂胆が見えた。

イスラエル政府は、どうしてもシリア軍をレバノン領内から追い払わねばならないと考え、戦争決行の機会を窺った。

１９８２年に、その潮時が到来した。６月６日、反イスラエルのテロを続けるＰＬＯの駆逐を名目に（すなわち「自衛」の演出）、イスラエル軍の兵員６万人、戦車（米国製の「M60」と、国産新型の「メルカヴァ」を主軸とする）８００両以上による、レバノン侵攻作戦（＝対シリア戦争）

が発起された。ちなみにその時点でイスラエルが持っていた戦車の全数が1240両、装甲兵員輸送車は1500両、戦闘攻撃機は600機であったという。

北上するイスラエル軍がまず目指したのは、シリアの首都ダマスカスからレバノンの首都ベイルートまでを東西に直結する、大幹線道路であった。

この「ダマスカス道」は、レバノン国土の中央を縦に延びた「ベカー谷」を横切っている。シリアがレバノンに及ぼす支配力は、この兵站線が担保していたと評して過言ではなかった。

ベカー谷の西には「レバノン山脈」が南北に長く延びていた。ベカー谷の東側も、同様に南北に連なった山地で、その山地帯が、シリアとの国境を成している。

イスラエル軍のコブラ、およびTOWを発射できる武装ヘリであった「MD－500 ディフェンダー」（後述）は、開戦劈頭（へきとう）の3日間は出番がなく、味方空軍が制空権を取るのを待って、開戦4日目から作戦した。

じつは1978年にイスラエル空軍は、米国から非武装の「E－2C」早期警戒管制機（空飛ぶレーダーサイト）を供与され、この最新ハイテク機を中心に、周辺アラブ諸国軍の「SA－6」等を機能させせないようにする方法についての成案も得ていた。

すなわち、まず囮（おとり）の無人機「マスティフ」を飛ばして、敵の対空ミサイル用のレーダーをすべて作動させ、その放射源の方位を、地中海上の高々度から早期警戒管制機「E－2C」が記録するとともに、電波特性を「スカウト」無人機をして中継せしめ、それを地上の司令部が解析。ついで、味方の「Ｆ－４」戦闘機が、特定の電波放射源に向かってホーミングする専用の空対地ミサイル（ＡＧＭ－78とＡＧＭ－45）を発射して、敵軍の対空ミサイル陣地を潰す。それでも生き残っている可能性のある防空システムに対しては、「ボーイング７０７」型旅客機改造の電子戦専用機や、戦闘機が吊下する電子戦ポッドから、重厚に妨害をかけるのだ。

こうして、中高度における地対空ミサイルの脅威をまず取り除いたイスラエル空軍は、続いてすぐに、シリア空軍機を掃討してベカー谷の制空権を握る作戦段階に移行した。たちまち、イスラエル軍とシリア軍の双方が合計１５０機以上の戦闘機を繰り出す濃密な空戦が発生した。

イスラエル空軍は、シリア空軍の地上指揮所から上空の戦闘機に向けて送信されるＶＨＦ波長のボイス無線を有効に妨害してしまった。シリア空軍の「ミグ21」戦闘機は、自機のレーダーだけでは側方（レーダーが効かない方位）を遠くまで監視することができない。敵が広い戦場のどこにいるのかを眺めわたすことができず、次にどうしていいのか分からなかった。かたやイスラエル空軍の「Ｅ－２Ｃ」は、味方戦闘機に対し、パイロットの眼では見えない距離に存在している敵機に対する、側方からの接敵と適切なミサイルによる攻撃を、次々と指示することができた。もちろん、味方戦闘機の後方から敵機が気づかれずに近寄るといった事態は、この「Ｅ－２Ｃ」が所在する限りは、あり得ない。

結果は一方的だった。

制空権がイスラエル軍の手に帰したことで、いまや、シリア軍戦車部隊に対するＣＡＳ（近接対地支援爆撃）も、味方のジェット戦闘攻撃機が、思うままにできることになった。殊にイスラエル空軍が保有した「F－16」戦闘攻撃機のCAS能力は群を抜く。

ところが、イスラエルを含む西側空軍のパイロットには特異な性向がある。「A－4　スカイホーク」（や76年から米空軍が装備している「A－10」）のようなCAS専用機でもない場合、パイロット達は、CAS任務を命じられることを嫌うのだ。

地上部隊の指揮官からああしろこうしろと言われて、敵戦車や機関銃陣地を爆撃する、地味でストレスの多い対地直協よりも、自分の判断で敵機を追いかけられる空戦、あるいは敵の航空基地に対する長駆空襲、あるいは敵の首都に対する爆撃といった、手柄が自分ひとりのものだと感じられる派手なミッションを好んでしまう。

CASよりもそちらを優先することの理由付け（作戦の正当化）には、空軍内部では事欠かないのに加えて、空軍の上官たちも皆パイロットの味方だ。

だから、軍の上級指揮官には、これは調整しようがないのだった。

かくして、コブラや「MD－500　ディフェンダー」の出番がやってきた。もはやシリア軍の戦闘機も現れなくなったベカー谷に、戦闘ヘリが進出した。

コブラによる初出撃の戦果は、トラック×1両と、「T－62」戦車×3両だったという。

すぐに結論されたことは、コブラはロケット弾ポッドは降ろしてしまった方がよく、かつまた20ミリ機関砲の弾薬も最少に減らして、その分、機体を軽くし、対戦車攻撃等のための運動

米空軍のCASスペシャリスト機A-10は、イラク軍のヘリコプターを撃墜したこともある。向かって右端の兵器はマヴェリック空対地ミサイル。(写真/US Air Force)

性を向上させた方がよい——ということだった。

(余談だが沖縄戦当時の日本兵証言を読んでも、空からのロケット弾攻撃は案外、破片被害が小さいようだ。おそらくそれで冷戦期の米陸軍は、AH用の空対地ロケット弾の弾頭をクラスター化する必要があった。)

この戦役で、コブラは62ソーティ出撃し、51目標(それは戦車だけとは限らない)に命中弾を与えたという。

コブラからのTOWは72発発射され、そのうち71%が命中したという。その全部が戦車だったとは限らぬ。しかしトータルして、戦闘ヘリコプターによって、敵戦車を「数十両」破壊できたそうである。

シリアはベカー谷に戦車約400両を投入していたようだが、中軸であるソ連製最新の

「T－72」戦車は、主砲口径が125ミリもあるのに、肝心の命中精度が悪くて、イスラエル軍戦車の105ミリ砲から発射される超高速のAPFSDS弾（送弾筒付き有翼徹甲弾。タングステンのダーツのような弾丸）によって、遠距離から雑作もなく仕留められてしまった。

T－72は、陸上から発射されたTOWによっても多数が撃破された。第四次中東戦争のT－62に続いて、またしても、ソ連戦車の長所は価格の安さと「見かけ」でしかないことが確かめられた。シリア軍歩兵はフランス製の「ミラン」対戦車ミサイルも持っていたはずだが、その戦果は不明である。

国産のメルカヴァが複数両のT－72を撃破できたことは、イスラエル軍の士気を高めた。逆にT－72に撃破されたメルカヴァはなかった。

すでに述べたように、HOTミサイルを使えば、シリアの「ガゼル」武装ヘリコプターでもイスラエル戦車を撃破できることは証明されている。その場所は「アイン・ダラ」という街の西方だったという。

しかしイスラエル空軍機が空を支配していたために、シリア軍のヘリコプターが飛ぶことは危険だった。イスラエル空軍機は、すくなくとも4機のシリア軍ヘリコプターを撃墜している。

攻撃ヘリが活動できる戦場の条件は、夜間飛行能力が特別に付与されているのでもない限りは、いろいろと限定されてしまうことが認識された。

イスラエル軍はシリアの首都を攻囲してPLOを追い詰めた。米国が仲裁してPLOはチュニジアへ脱出することになり、レバノン戦争は終息に向かう（爆弾テロはその後も続いた）。

結局この戦役で、ソ連製の地対空ミサイルは、イスラエル軍の「A－4 スカイホーク」1機と、機種不明のヘリ2機を撃墜できたにとどまった。第四次中東戦争で、飛来するたびにイスラエル軍機の4％を撃墜できたのとは、大違いだった。

シリア軍の戦闘機は500機が投入された。そのうち、主にイスラエル軍戦闘機との空戦により、82機もしくは86機が撃墜された。対するイスラエル側には、空戦で撃墜された戦闘機は1機もなかったという。

イスラエル軍のコブラのうち1機は、味方の戦車砲から狙い撃ちされて被弾したという（損害の詳細は不明）。超低空を低速で飛ぶことには、こんなリスクが伴う。攻撃ヘリに、味方の戦車と直接交信ができる無線を搭載したとしても、同士討ちのリスクをゼロにできるかどうかは分からない。根本の予防策は、上級司令部が、味方戦車の近くは飛ばせないという「棲(す)み分け」かもしれない。

この1982年のレバノン戦争の結果にいちばんショックを受けたのは、ソ連軍の幹部たちだった。ソ連製の武器とソ連の戦術は、米軍が領導する西側の兵器と戦術に、太刀打ちができない。その差は年々開いているという印象が伝播(でんぱ)してしまった。誰よりもソ連軍の幹部たちがショックを受けていることを、ソ連に駐在していた東欧諸国の武官たちが目撃してしまう。これがやがて、1989年の東欧共産政権の崩壊と、それに続くソ連邦じたいの崩壊の導火線となった。

西ドイツとフランス、あるいはイタリアが、コブラに匹敵するような高性能な対戦車ヘリの導入を、特に急がなかった背景にも、１９８２年レバノン戦争の驚くべき結果が、あったかもしれない。ソ連は79年12月にアフガニスタン侵略戦争を始めていて、早くも泥沼の対ゲリラ戦に足をとられていた。西欧ＮＡＴＯ諸国は、これから数年間は、ソ連軍には対ＮＡＴＯ戦争などできるわけがないと察することができた。

「MD-500 ディフェンダー」の評価

じつはイスラエル空軍は１９８２年6月時点で、「ＡＨ－１」の飛行隊とは別に、「ＯＨ－6」という小型の観測ヘリコプターにＴＯＷミサイル運用能力を付与した「ＭＤ－５００ ディフェンダー」からなる1個スコードロン（飛行中隊）も擁していた。

これは、共和党フォード政権の後に登場した米国の民主党カーター政権（77年1月～81年1月）が、一転してイスラエルに対する高性能兵器の売り渡しに消極的になったことと関係があった。

コブラ部隊を本格的に増強しようとした矢先に、大量には売らないよと言われてしまい、しかたなくイスラエル空軍は、１９７７年7月に、コブラの半分の価格に見合った飛行性能である「MD－500 ディフェンダー」をテストし、コブラの穴埋めとして32機を買うことにした(84年にさらに6機追加)。

こうして、コブラを1機も混ぜない専属の飛行中隊が1980年4月に新編された。元になった「OH－6」は、ベトナム戦争で観測機・連絡機・輸送機として活躍した軽快な機体である。そこで1976年に、TOWを4本吊下する武装型に改造してみたのが「MD－500」だった。

5枚ローターなので、2枚ローターのコブラのような独特の騒音を発生しない点は長所といえる。しかし馬力の限界から、コブラのような3銃身の20ミリ機関砲までは搭載し得ない。また、TOWを積んだだけでも、航続距離はカタログデータ(428km)の6割に減るという。さすがに燃料タンクは自動防漏(セルフシーリング)式になっている。

1982年のレバノン戦争にはコブラの飛行中隊とともに出動していることは確かだが、「MD－500」のTOWによる戦車撃破の実績は、特に語られていないようである。

この戦役で1機の「MD－500」が「撃墜」されている。2機ペアで行動していたところ、敵戦車が気付いて戦車砲を発射。砲弾の直撃こそ免れたが、地上で炸裂して飛散したその破片が尾部ローターを傷つけたために、飛行が続けられなくなったという。

イスラエル空軍は、後の1996年8月、米国から40機もの中古の「AH－1F」をプレゼントされたのを機に、「MD－500」をすべてお払い箱にした。

イスラエル軍は「コブラ」を「アパッチ」で更新したか？

1988年12月8日、反イスラエル・ゲリラPFLP（パレスチナ解放人民戦線）に対する越境作戦中、敵軍に包囲されてしまったイスラエル軍兵士を、2機のイスラエル空軍のコブラが救出した。

1機が上空から掩護しているなか、1機が降着して、スキッドに4人を乗せて帰ってきたのだ。

このような、暖地ならではのコンバット・レスキュー・ミッションや、都市の中層ビルにアジトを構えたテロリストの部屋の窓を、遠くから誘導ミサイル（2000年代半ば以降は、より遠くからの「射ち放し」が可能になった国産の赤外線画像イメージ・ホーミング式の「スパイク」対戦車ミサイル）でピンポイント攻撃し、隣室の巻き添え毀害（きがい）を抑制しつつテロリストだけ爆殺するといった特殊任務には、コブラの活躍の余地がまだあった。

しかし1990年から、夜間の行動能力と、重量50kgの「ヘルファイア」重対戦車ミサイルによるリーチが卓絶している米国製の「AH－64 アパッチ」攻撃ヘリが導入され始めると、酷使の続いたコブラ飛行

ロケット弾を発射する米陸軍の AH-64 アパッチ。被弾時のリスクを局限するため左右に離して置かれたエンジンがよく分かる。（写真／US Army）

隊は、徐々に整理されて行く。

　1991年の湾岸戦争では、イラク軍の対空ミサイル陣地に夜間に忍び寄ってヘルファイア・ミサイルで破壊し、多国籍軍による大規模空襲作戦開始の初弾を放ったのは、米陸軍の「アパッチ」隊だった。

　同年末にソ連邦が消滅して、大きな後ろ盾をなくした中東の反イスラエル諸勢力は一時的に茫然としたものの、北朝鮮や中共やイランは、各種の地対地ミサイルや地対地ロケット弾、肩射ち式の対空ミサイルなどを中東の表市場や闇市場にふんだんに供給し続ける。

　歩兵1名で携行でき、肩に載せて発射できる軽量な対空ミサイルのことを「ＭＡＮＰＡＤＳ」と総称する。ジェット戦闘機がこれで撃ち落とされることは滅多にないのだが、ヘリコプターはＭＡＮＰＡＤＳの攻撃には特に脆弱だった。80年代のアフガニスタンでは、ソ連軍のヘリコプターが２６０機近くも、米国ＣＩＡが現地ゲリラに与えた「スティンガー」肩射ち式対空ミサイルによって撃墜されたと伝えられる。

イスラエル空軍は、コブラをいくらアップデートしても、サバイバビリティの点で、地上からは目視困難なドローン（無人機）や、闇の中で不自由しないアパッチには、劣ってしまうと判断した。

そこで、アパッチが増えるに従い、イスラエル空軍はコブラを、最初に編成されたスコードロン１個に集約した。

その飛行中隊も２００５年以降は第一線には出動しなくなった。もっぱら、演習の仮想敵や、飛行訓練学校の機能を担った。

２０１３年8月にコブラの部隊運用を終了したとき、まだ33機のコブラが動かせたという。

このうち16機は、ヨルダンに譲渡された。

このスコードロンは、「ヘルメス」というイスラエル国産の無人機を運用する部隊に、ひそかに改編された。

イスラエルは、極力、外国に対して秘匿していたのだが、米国についで、固定翼の武装無人機（キラー・ドローン）を運用する、世界で二番目の国になっていたのだ。

イスラエル軍がアパッチの後継機にする気ではないかとも噂された無人攻撃機ヘルメス900。スパイク・ミサイル等が運用できるという。（写真／エルビット社）

2006年夏のレバノンおよびガザ地区の対テロ作戦の際、「ヘロン」という国産の無人機に、空対地ミサイル（スパイクもしくはヘルファイア）が搭載されている証拠のビデオが撮られてしまっている。

イスラエル空軍は、「AH－1」の後継機として、エルビット社の固定翼無人機「ヘルメス900」を選んだのではないかという観測には説得力がある。

「ヘルメス900」は、その前に作られた「ヘルメス450」を能力拡張したもので、2012年12月にイスラエル軍に制式採用された。同年11月14日に「ヘルメス450」は、「スパイク」ミサイルによって、反イスラエル組織ハマスのナンバー2を爆殺している。

「ヘルメス900」の外形は米軍の「MQ－1　プレデター」に類似する。発動機は同じで、オーストリア製の水平対向レシプロ・エンジンが、胴体尾端のプロペラを回す方式だ。「ヘルメス900」も空対地兵装を吊下できる。ペイロードは350kgまでで、胴内に2発、主翼下に2発、総計4発の兵装が可能だというから、1発50kgの「ヘルファイア」ミサイルは、余裕で搭載し得る。

イスラエル空軍は当初、「ヘルメス」運用に関しての情報発信を避けつつ、2014年7月には実戦投入したらしい。15年11月には部隊編成も公表された。

イスラエル軍は、武装型無人機の取得費と運用費の低廉さに、おくればせながら感銘を受けた様子だ。

コブラの廃止を後押しした最大の理由も、やはり予算の逼迫だった。2005年にAH－64をA型からD型（ロングボウ）にアップデートしてもらうFMS（Foreign Military Sales）に、目の玉が飛び出るほどのカネが必要だった。

イスラエルは、コブラ攻撃ヘリをアパッチ攻撃ヘリで更新したのではなく、コブラを国産の固定翼無人機で更新して、その無人機とAH－64を使い分け、あるいは分業させる新しいネットワークを再創造した。

さらにイスラエルは、米国製のAH－64体系にも依拠し過ぎるのは危険だと判断し、「独自改造路線」を選択している。すなわち、イスラエルは高性能ターボシャフト・エンジンの国産こそできないけれども、電子機材や兵装はそれなりに自信のある国産品が作れるのだから、米国メーカーにFMS（政府間決済保証）枠で巨費を支払ってまでアパッチのアップグレードを頼むのはやめ、なるべく国産部品を以て置換更新を図り、同時に、対ゲリラ空爆の主役は将来的にはすべて固定翼無人機に担任させようと考えているように見える。

「コブラ」の代役となる無人機のラインナップ

２０１３年に、メインローターの破損からイスラエル空軍の１機のＡＨ－１が墜落して、乗員２名が死亡した。

同年４月、その時点で30機強、まだ残っていたコブラの飛行は停止され、全機が再点検された。するとイスラエル空軍は、コブラが必要な装備ではないということに、とつぜんに、気がついた。

有事の対戦車攻撃や、平時のテロリスト爆殺任務は、すでにアパッチが担っている。そして、コブラの分担とされていた、監視・偵察任務も、おおかた無人機が、こなすようになっていたのだ。

そもそもコブラは前線に1時間半しか滞空できない。しかし無人機は、12時間連続で飛んでくれていた。いかほど危険な空域に入り込んでも、搭乗員が撃墜されて捕虜になるリスクなどゼロである。教育費用も、メンテナンス費用も安い。

そこでイスラエル軍は、非常緊急の必要が生じたときの他は、コブラはもう出動させないことに決めた。それで、何の問題もなかったという。

自重250kg以上のUAV（無人機）を仮に「大型UAV」と定義すると、今、イスラエル軍は、そのカテゴリーのUAVを60機以上、もっている。

米空軍の「MQ－1 プレデター」に類する機能をもった無人機としては、「ヘルメス」「サーチャー」「ヘロン」がある。

「ヘルメス450」が、イスラエル軍が最初に導入した武装型無人機だった。

2006年のレバノン作戦に際しては、同機は、連日20機以上、飛んでいたという。

自重が450kgで、ペイロードが150kg。全長6・5m、ウイングスパンは11・3m。武装として ヘルファイア・ミサイル（1発50kg）を2発、発射できた。

20時間の滞空が可能で、高度は6500mまで上昇できた。この高度なら、地上からのMANPADSも届かない。

アメリカ軍の場合、武装型無人機を国外の最前線で運用しようと思ったら、重厚なデジタル衛星通信ファシリティが地球規模で完備していることが前提となるだろう。だが、これまでのイスラエル軍の場合、主戦場は陸続きの国境なので、衛星インフラ無しでも、データ中継させる方法は講じやすかった。

「ヘルメス900」は、自重1・1トン、ウイングスパンは10m（ちなみにRQ－1は翼幅14・8m）。滞空時間は36時間に達し、ペイロードは300kgという。

「サーチャー2」は自重が500kg。衛星リンクが備わってないので、行動半径は300㎞が限度だが、滞空20時間可能で、高度は7500mまで昇れる。ペイロードは120kgだ。「ヘロン 1」はやや大きく、自重が1・45トンある。イスラエルの武装無人機で、米空軍の「MQ－9 リーパー」の自重2・3トンに並ぶ機種は無いようだ。

しかし無武装の長距離偵察用無人機「ヘロンTP」は、自重が4・6トンもあって、高度も1万4000mまで昇れるという。

無人機は、民航機と衝突してはいけないから、民航機が常用する高度1万m近辺での滞空は避けなければならない。どこの国の航空法規も、民航機の飛ぶ高度での無人機の飛行は許さないのだ。

「ヘロンTP」のペイロードは1トン。地表を仔細に撮像できるセンサーが搭載される。36時間の滞空ができるので、プリプログラムをしておけば、かなりの遠方まで往復はできるはずだが、全部で数機あるとされる「ヘロンTP」がどの方面で監視飛行をしているかは、ぜったいに、マスメディアにはリークされない。

「コブラ」に続く本格戦闘ヘリ「AH－64 アパッチ」

もうそろそろ、わが陸上自衛隊の対戦車ヘリコプター部隊の解説に進みたいところなのだが、やはりその前に、列国のアパッチ取得歴を先に通覧しよう。

日本の「コブラ」と「アパッチ」の特異性は、列国の事情を一覧した後の方が、比較して理解しやすいと思われるからだ。

アパッチA型の基本性能を紹介する。

自重が５１６５kgで、最大離陸重量は１０４３３kg。

最高速度は２６０㎞／時。

武装なしで増槽を目一杯吊るして飛ぶ「フェリー」での航続距離は１９００㎞という。

増槽無しでの滞空は、３時間と09分まで可能。

実用上昇限界は高度６４００ｍだ。

主兵装の「ヘルファイア」ミサイルは1発が50kg前後と重く、射程は８㎞を誇る。後に、条件によっては12㎞までも届くようになった。誘導方式は複数あった（いずれも有線を介さない方式）が、どうも精密で確実なのは、レーザーを母機から照射して、その反射源にホーミングさせる方式のようである。しかしこの方式は「煙幕」や「霧」「強雨」「砂塵嵐」等に照準を妨害されるというデメリットもある。後年に実用化された「ヘルファイア２」は、対テロリスト作戦を念頭して多機能化してあるが、炸薬量としてはたったの１kgである。

ＡＨ－64アパッチのＡ型は、１９８６年に米陸軍に就役開始した。

ソ連軍は、欧州正面ではＮＡＴＯ軍側のＣＡＳ（航空兵器による近接対地支援）が非常に手ごわくなるであろうことを、正当に評価していた。

そこでソ連軍内では、戦車や装甲車を、夜間か悪天候時にだけ動かしてＮＡＴＯ軍を急襲するという戦法を、ますます熱心に研究するようになった。米軍は、ソ連軍の演習や訓練の情報を収集し分析して、それが敵の一貫した方針であるらしいことを理解した。

敵がそう出てくるつもりであるならば、こちらの対戦車攻撃ヘリコプター部隊も、むしろ夜間の活動に特化しておくべきだろう。

かくして開発されるのが「ロングボウ」だった。そのセンサー・システムを搭載したアパッチは２００２年に「Ｄ型」と名付けられた。

じつはそれまでに「Ｂ型」や「Ｃ型」もできていたのだけれども、90年代の、東欧とソ連邦の崩壊直後の時期と重なってしまって、米国の軍事予算が劇的に削減された関係で、それらは陽の目をみなかった。

「Ｄ型」も皮肉にも、ロシア軍の大戦車部隊による侵略などまるで考えられなくなった時期に、デビューするめぐりあわせとなった次第だ。

アパッチＤ型ロングボウは、ミリ波帯を用いるレーダーや、ズームの効く赤外線ビデオカメラにより、夜間でも地形障礙物を避けて低空飛行することができ、戦場の煙幕越しに、10㎞以上先の敵戦車を照準して、射程８㎞のヘルファイア・ミサイルで連打してやることができた。

そのような大戦車部隊による侵略戦争を起こしそうな国家は、その頃には中共と北朝鮮ぐらいしかなかったのだが、夜間の行動力があるのは軍用機としては望ましい長所だから、米陸軍は2012年までに、すべてのA型をD型にアップグレード改修している。

ロングボウは、とにかく敵の戦車を遠間から発見できることを重視したので、戦車ではない目標、たとえば夜間に都市域に出没するゲリラの見張りをしようと思っても、なかなか難しかった。

ある戦場で戦車を動かしている者は、すくなくとも一般市民ではないだろう。だから、味方戦車が存在するはずのない座標に戦車らしきものが走っているのを発見したら、アパッチは、それが敵戦車だと判断してヘルファイアをいきなり撃ち込んでも、特に問題は起きないだろう。

ところが、ひとたび環境が、ゲリラやテロリストを相手とする戦場になると、ロングボウの解像度は、モニターに捉えられた人影が、無辜（むこ）住民ではなくゲリラに間違いないという確証を得るには、あまりにも不十分であった。

対戦車から対ゲリラへの目標転移

2003年にイラクを占領したアメリカ軍は、都市域で運用される攻撃ヘリには、欧州での対戦車戦闘とは異なったセンサーや、火器管制コンピュータが必要だと痛感した。

たとえばイラクでは、ＡＨ－64のホバリング高度は８００ｍでなければならない。それ以下だと、ビルに潜んだ敵ゲリラ（公職追放されたサダム時代の将校たちが多く混じっていた）から不意に射撃を受けてしまうからだ。

その高度から、夜間、５㎞離れた地上の敵ゲリラの風体を承知したい。

水平に５㎞離れていれば、もしＭＡＮＰＡＤＳで狙われても回避の余裕が得られる一方、射程８㎞以上ある「ヘルファイア２」で敵を爆殺してやることができるのだ。

しかし、闇夜でただ遠くの人間を照準できるだけ（初期型ロングボウ）では十分ではない。その人間が、一般市民ではなくて、武装したゲリラ兵であることが、その姿かたちから、パイロットに明瞭に見極められるのでなくては困る。

米軍によるコラテラルダメージ（一般住民の側杖被害）を少しでも生ずれば、イスラム圏での反米ゲリラの勢力は拡大し、治安維持も国家再建も絶望的になることを、米国はようやく学んでいた。

都市部でのゲリラ狩りを、コラテラルダメージ・ゼロで遂行する赤外線視察システムを搭載した、後に「Ｅ型」と名付けられるモデルが概成したのが２００８年だった。

米陸軍は２０１１年に試作品を受領。初期生産分の欠点を修正した量産機は13年から製造されている。

同時にＤ型からＥ型へのアップグレード工事も、２０１３年後半からスタートした。

２０１４年にはE型がさっそく24機、アフガニスタンの戦地に出されている。

また同年には、ハワイ沖のリムパック演習に、ハワイに配備されたばかりのE型アパッチのうち数機が加わって、揚陸艦『ペリリュー』に着艦している。

コロラド州の高地基地よりも、ハワイの海面の方が空気密度が高いので、浮揚しやすいそうである。

「アパッチD型」と「E型」の違い

アパッチE型の自重10トンは、D型と変わらない。

しかしE型は、新しいエンジンを搭載する。D型よりもパワーがあるのに、D型よりも低燃費とされる。連続３時間の滞空ができるのはD型と同じだが。

電装品も進歩した。

E型のレーダーはD型より遠くが見える。

搭載コンピュータの処理能力も大きくなった。

通信能力は、あたかもインターネットのように、僚機や地上部隊と動画の交換ができる。

１機のE型アパッチが、そこから複数の無人偵察機（固定翼の「RQ－７　シャドウ」など）を

エンジンをはじめ、諸装備がＤ型よりも新しいものに変わっているアパッチのＥ型。ローターハブ頂部のミリ波レーダーは、付かない機体もある。
（写真／ボーイング社）

トレーラー式の軽易なカタパルトから射出された無人観測機 RQ-7 シャドウ。このおかげで有人偵察ヘリ OH-58 が要らなくなった。
（写真／US Army）

リモコンできる。おかげで、自機からは見えない位置にある敵に対して無人機からレーザー照準をさせ、それを目当てにヘルファイアを発射することもできれば、その無人機に吊るしたミサイルによって攻撃させる選択まで、能力的に可能になった。

米陸軍は2014年から「シャドウ」を大量調達して、有人の「OH－58 カイオワ」偵察ヘリの仕事をリストラすることに決めている。ちなみに「シャドウ」はもともと海兵隊の御用達品であった。

アパッチ攻撃ヘリを装備する陸軍の10個航空旅団（陸軍師団内に1個）は2019年までに、シャドウをアパッチに先行させるコンビネーション運用に、すっかり切り換えるつもりだ。

米陸軍はあと30年はAH－64を使い続けるつもりでいる。

2019年度の予算編成においては、米陸軍は、2億8500万ドルで12機のE型を新品調達するとともに、9億2800万ドルで、48機のD型をE型へアップグレードしたいと欲している。

有人武装偵察ヘリの挽歌

米陸軍は2013年までに、次の偵察用回転翼機は求めないことを決めた。

歴戦の米陸軍偵察ヘリ OH-58D。ヘルファイア・ミサイル１発と、ロケット弾ポッド１個。エンジン排気口には MANPADS 避けの熱線撹乱装置も付いている。（写真／ウィキペディア）

したがって「ＯＨ－58Ｆ　カイオワ・ウォリアー」が、米陸軍最後のスカウトヘリコプターになる（58Ｄ型はローターハブの頂部にセンサー類を載せたが、58Ｆ型ではセンサーは機首に集めている）。

そもそもカイオワは、民間用の「ベル２０６」ヘリを軍用にコンバートしたものだった。50年以上も前のデザインだったが、これがいちばん頼りにできそうだと結論されたのだ。

カイオワのD型も、インターネットのように、先行させたUAVから送られてくる動画をモニターできるようになった。

2015年から製造が始まったカイオワF型の6割のコンポーネントは、新規設計だ。搭乗員を敵火から守るための防弾力も高められた。

しかし、現代の戦場ではMANPADS（歩兵が携行し、肩の上から発射できる近距離対空ミサイル）の回転翼機に対する脅威がもはや無視し得なくなった。

小型ミサイルがヘリコプターのエンジンを直撃しなくてもローターを破壊する確率は大きく、そうなったら固定翼機と違い、ヘリコプターの揚力は即座にゼロになって、真下へ向かって落ち始める。乗員は頭上で大きなローター（の残余のブレード）が回っている限りパラシュートで脱出することはできず、ほぼ確実に死ぬしかない。

1980年代、当時最新型のMANPADS「スティンガー」は、アフガニスタンで260機以上のソ連機（主に回転翼機）を撃墜したといわれた。

対空ミサイルが充実している敵軍に向かって有人ヘリコプターを大胆に飛行させることは、今日では、自殺行為と考えられている。

ヘルファイアを吊下した米陸軍のMQ-1C グレイイーグル。衛星経由のリモコンも可能だが、同機はしばしば前線近くから操縦されている。（写真／US Army）

「カイオワ」を引退させる無人機たち

米陸軍は、1997年のイラクの対ゲリラ戦で初めて無人偵察機を投入した。

2010年になると、「MQ－1C　グレイイーグル」（一時期は「スカイウォリアー」と呼ばれていた。プレデターの陸軍版で、下士官が地上から操縦し、ヘルファイアの発射もできる）や「RQ－7　シャドウ」といった相当に本格的な偵察用UAVからのビデオ画像を、AH－64Dの「ブロック3」（すなわち、のちのE型）のコクピット内に電送してリアルタイムでモニターさせることが可能になった。

動画信号をニア・リアルタイムで受け取れる無線通信（インターネットの「4G」だと思えばよい）が確立できたならば、逆に、アパッチのクルーの方から

UAVのカメラや飛行そのものを直接(中継局を一切通さずに)遠隔操作することも、難しくはない。

たった今、ビルから飛び出した男は、ゲリラなのか一般住民なのか?

それを、殺害手段(ヘルファイア)を現場の8km以内で握っているアパッチのコクピット内で、即座に確かめる(UAVに追いかけさせ、ズームレンズで男の顔を大写しにする)ことができなくては、現代の西側軍隊による対ゲリラ作戦は、埒があかないのだ。

計画では、米陸軍の航空旅団はまず、偵察ヘリコプターの飛行大隊のうち8機だけを無人機に入れ替える。

シャドウは連続8時間も滞空できる。OH-58の3倍だ。

さらにグレイイーグルなら、カイオワの4倍、滞空し続けられるのだ。

グレイイーグルは、いずれ、シャドウの任務を全部ひきうけることも予期されている。

ただ、火災や噴火など、視覚だけでなく嗅覚も利かせた方がよい偵察ミッションでは、今後も、2人乗りのカイオワに出動命令が下されることがあるだろう。

じつは偵察ヘリのクルーたちも、この事態を歓迎しているのだ。これまで彼等は、敵軍所在地の最前縁へ低空で侵入して、わざと敵からの対空射撃を誘い、それによって敵地上部隊の配置をハッキリさせ、後方のアパッチの損害を予防するという、気鬱な任務を負わされていた。

その重圧から、解放されるからだ。

かたや陸軍内には、アパッチには、シャドウよりももっと小型の、50kg～１００kgの無人機を、多数付属させることもできると思っている幹部もいる。たとえば、自爆型の小型無人機のスウォーム（群蜂）を後方から操ることができれば、敵は対抗不能になるだろう。

対UAV機としての「アパッチ」の可能性

２０１８年2月、内戦が続くシリア領内から、イラン製の無人機がイスラエル領空に侵入してきたのを、イスラエル空軍のＡＨ－64Ｄアパッチが撃墜した。

それに先立つ２０１５年、ボーイング社は、アパッチに出力2キロワットのレーザー銃を装備して、低速で低空をやってくる敵の無人機の相手をさせてはどうかという構想を公表している。

現在、シリア内戦に介入中の米空軍も、イラン系傭兵が放つ無人機を、いちいちＦ－15戦闘機によって排除しなければならないという。しかし、機体の大きさや速度があまりにも違えば、効率的な対処は至難である。

航空機搭載のレーザー砲には、米国の複数のメーカーが鋭意、挑戦中だ。いずれも、機体の震動や、機体表面を流れる激しい気流によって、ビームが乱されないようにすることが、課題のようだ。

２０１７年7月には、米国のレイセオン社が陸軍のアパッチ・ヘリにレーザー銃を取り付けて、空対空射撃させるテストを実施した。

レーザー兵器との相性如何によっては、活躍の場が限定されつつある高性能戦闘ヘリコプターが、「無人機迎撃機」として、再注目されるようになるかもしれない。

戦地での「E型」の評判

初期生産の始まった２０１１年にはまだE型という呼称はなく、「アパッチD型ブロック３」と呼ばれていた。E型と呼ばれるようになったのは12年からだ。

米陸軍は２０１４年までに、24機のE型に、アフガニスタンへの7カ月間の遠征（ローテーション）を体験させた。

E型は、アフガンでは月に平均66時間飛行したという。即時可動率は87％であった（米陸軍では基準目標を80％としている）。

E型はD型よりも飛行速度が29％増している（最大速力２８８㎞／時）。だいたい、1分間で移動できる距離が、１㎞余計に延びたことになる。これはタリバンを戸惑わせた。

タリバンのようなゲリラは、ＮＡＴＯ諸国部隊を伏撃してから、どのくらいの時間で攻撃ヘリ（たとえばアパッチＤ型）が飛来するものか、経験で知っている。ところが、その計算が裏切られて、自分たちが姿を隠す前に空から襲われることになったからだ。

「ブラウンアウト」というヘリの強敵

Ｅ型は、機外視察能力が高まったことで、砂嵐や「ブラウンアウト」が起きてしまったときの自損事故も、減らしてくれるだろう、と期待されている。

２００３年にイラクに攻め込んだ米軍のＡＨ－64飛行隊は、１カ月の作戦中に17件の事故に見舞われている。深刻なものは少なく、ローターを何かに当ててしまった、といったケースが多かった。

その主な原因が、ブラウンアウトだった。

ブラウンアウトは、回転翼機が自機のローターによって吹き下ろす風で、乾燥した地表から猛烈に砂や埃を巻き上げ、みずから周囲に砂嵐のような無視界状態を創り出してしまう、パイロットの不手際である。イラクだけでなく、アフガニスタンでも、この現象は起きる。

パイロットは、他の地域ではこんな体験をしたことがないために、動顛して事故を起こすという。

たとい軽微な損傷でもローターを新品と交換しないで飛ばすというわけにはいかない。そのアパッチは数日間~数カ月間も使えなくなってしまう。

これが「オスプレイ」だともっと深刻で、ブラウンアウト状態で35秒以上ホバリングすると、エンジンが損傷する。大きな粒の砂を除去するメカニズムを通り抜けた、粒子の細かな埃（ダスト）がタービンエンジン内に吸い込まれてしまうためだ。その埃を除去する整備にはエンジンの交換が必要で、悪くすると数週間はその機体が戦力外となってしまうのだ。

重いとオートローテーションが利かない

多くの回転翼機は、オートローテーション（autorotation）での不時着ができるように、いちおう考えられている。

これは、エンジンが空中で止まってしまっても、その時点で十分な前進速度が与えられているか、もしくは降下に伴う自然な風圧によってローターの回転数が十分に高まれば、自由回転するローターからある程度の揚力が生じてくれ、オートジャイロ（戦前から存在した軽便な回転翼機で、エンジンはメインローターにはトルクを伝達せず、前進用プロペラだけを回す。それによって行き脚がつけば、風を受けてローターは回り出し、そこから揚力が発生して、ごく短距離での離着陸ができた）のように滑空しながら沈降するので、着地の寸前に機首を上げる操作をすることによって、大破を免れるという不時着術である。

軍用ヘリコプター部隊では、意図的にその擬似的状況をつくりだして、対処法を演練することがある。ただし、あらかじめ十分な高度をとっていなければ、惨事に結びつく。

アパッチは、回転翼は１軸だが、中型輸送ヘリの「ＵＨ－60 ブラックホーク」と同じエンジンが２基、搭載されている。

２０１４年11月６日の夜19時、アイダホ州兵の陸軍航空隊に所属するベテラン級のアパッチ乗り２名が、高度４００フィートで、そのエンジンのうち１基が空中で停止したときの対処法を演練しようとして、間違って２基ともに停止させてしまい、オートローテーションもできずに墜死するという事故が起きた。

搭乗していたハートウェイ操縦士（43歳）とガラハート操縦士（50歳）のどちらも州兵陸軍航空隊では教官クラスで、アフガンでの実戦経験もあった。性格もまともで、自己流なところはなかった。

この事件の当時、アパッチのエンジン１基の停止をシミュレートするには、パイロットが左手で押し引きするスロットルレバー（通常は２基ぶんの握りをいっしょに摑む）を、片方だけ、一番むこうまで押す。そのさい「フライ」というポジションを通過させ、最も奥の「ロックアウト」というポジションに一瞬だけ到達させたなら、ただちにレバーは元に戻さねばならない。すると1基のエンジン出力は、限界まで微弱に落ちる。だから、残り1基で飛んでいる状態が、擬似的に再現できるのだ。

ところがアイダホ州兵の2人組は、どうしたことか、2基ともにレバーをロックアウトポジションに入れてしまい、かつまた、すぐにまたローパワーに戻すことなく、2基ともにロックアウト位置で留めてしまったらしい。

この「ロックアウト」という名辞は、曖昧で、何を意味しているのかの誤解を招く余地がある。このポジションにスロットルレバーを押し込むと、エンジンからローターハブへトルクを伝えるトランスミッションのメカニカル・リレーが切り離されるわけではないのだ。

そうではなく、ロックアウトポジションでは、スロットルへのコンピュータ関与がなくなるのである。

アパッチも、フライバイワイヤ（操縦手の手足の動きをコンピュータがいったん電気信号に変換してアクチュエーターに伝え、舵などの各部を動かす飛行制御システム）で飛んでいる。

通常は、スロットルを変動させると、電気信号が変化し、コンピュータが燃料量を加減する。そのコンピュータが関与できなくされることで、パイロットの手だけがスロットルを支配できるモードになるのだ。

なんのためにそんなモードがあるのかといえば、空中で被雷したときなど、コンピュータが狂ったり麻痺することがある。その場合のバックアップとして、マニュアル操作のできる道も設けられているのだ。それがロックアウトポジションである。

ところが、ロックウアトポジション＝すなわち完全手動スロットルでは、スロットルの僅かな動きで、やたらに燃料が吹き込まれまくり、エンジン回転数が異常に上昇するという現象が、簡単に起きてしまう。コンピュータが介在して適度に加減したりはしてくれないからだ。

事故機から回収されたフライトレコーダーに、ガラハートとハートウェイの会話が録音されていた。どうやら、２人の間で、どちらのエンジンをロックアウトにするかについての誤解もあった模様だ。

「俺は、エンジン《2》と言ったよな？　それとも《1》だったか？」とハートウェイが空中でガラハートに確認をしている。

ガラハートは答えている。「《1》と言ったぞ。俺は《2》をガードしているところだ」

「オーケー、《1》だな、分かった」とハートウェイ。

その5秒後、コンピュータが警告音声を発した。「ローター回転、過剰！」

さらにそれから4秒以内に、コンピュータは両方のエンジンについてそれぞれ「オーバースピード」に達したことを警報し、同時に自動的に2つのエンジンをシャットダウンした。

これは自壊事故を防ぐための安全機構だったが、高度４００フィートで自重10トンあるアパッチがエンストしたなら、クルーはもはや絶体絶命であった。

オートローテーションでなんとか不時着するには、ローターが風圧を受けて、受動的ながらも相当に速く回転する状態にまでなってくれなければ、滑空のための最低限の揚力も得られない。アパッチのような重いヘリには、地面まで最低700フィートの落差が必要なのであった。

しかし、NOE（地面の凹凸に沿いながら超低空で匍匐するが如き飛行法）を身上としている攻撃ヘリが、敵前で悠々と700フィートもの高度を維持するわけには、実戦ではいくまい。高すぎれば（といってもアパッチの上昇限度は7000m弱だが）MANPADSに狙われ、低ければ敵の戦車砲で狙われ、砂地でホバリングすればブラウンアウトが待っている。「射出座席」の恩恵を受けられぬ回転翼機の搭乗員たちは、固定翼機乗りの何倍も、命が危いことが理解できるだろう。

なお小著を執筆するにあたり、世界各地で一般公開されたアパッチのコクピット内の写真をネットでざっと眺めたところ、このスロットルレバーを「フライ」の位置よりも奥へは物理的に押し込めないように、小ブロックを噛ませてあるように見える一葉があった。あるいは、事故予防対策なのかもしれない。

本来の攻撃ヘリの出番はなかった

アメリカ陸軍航空隊が、ソ連軍の怒濤の進撃を武装ヘリコプターによって食い止める成案を工夫し、苦節二十年、ついにそれをAH－64アパッチという形に結晶させ、ますます洗練せんと励んでいたときに、どうも当の欧州ソ連軍の方が、あまり怖い存在ではなくなってしまったというのは、皮肉ながらも、進化と競争の世界では、往々あることだろう。

いったい、ソ連軍の大機甲部隊が西ドイツ領土内に押し寄せてくるのを、どうやって「攻撃ヘリコプター」を使って遅滞させられるのか？

米陸軍が到達した結論は、攻撃ヘリ2機と偵察ヘリ（OH－58）1機を最小の戦闘チームとし、常にその2チーム（アパッチ×4＋カイオワ×2）を並列または雁行（がんこう）せしめる。

その6機の単位もまた、最前縁の力闘役と、雁行する掩護役、後方の控え役と3段（アパッチ×12＋カイオワ×6）に按配され、先に消耗した力闘役は順次に後方（最大50㎞）まで退がっては燃弾の補給を受けられるというローテーションにできれば、敵の方は休まるときがなく、こっちの方には余裕が保たれるはずだ。

これなどあくまで例にすぎぬが、要は、味方の攻撃ヘリが多数で一斉に攻めかかるのではなく、あくまで少数機ずつ、ただし、入れ替わり立ち替わりに、粘り強く間断なしに、敵の戦車や装甲車をヘルファイアで仕留め続けることが、陸続きの戦場においては、いちばん大事なのだった。

なにしろ戦場は敵の本国と陸続きなのだ。鉄道とトラック部隊でなんでも補給ができる。敵は、ありったけの戦車・装甲車をあらかじめ攻撃点に準備し、川の流れのように途切れなしに殺到させる心組みに違いなかった。

そのような攻勢を禦（ふせ）ぎ止めているさなかにもし、こちらからの反撃が、一回でも長い「息継ぎ」を入れてしまえば、敵は後詰めの加勢を得てたちまちダメージをなかったことにし、あとからあとからやってくる大波が、味方の地上部隊を圧倒して呑み込んでしまうであろう。

だがイスラエル軍が中東で、ソ連製の装備体系の低劣なパフォーマンスを暴露すると、そもそもの脅威の前提が、狂ってしまった。

また、CASの本舗である米空軍は、敵軍の第一梯団（ていだん）などは味方陸軍に任せて構わずにおき、むしろ敵の後詰めの第二、第三梯団を、それが前線に到達する前に空から連打してやれば、敵の最前線の進撃圧力がある時点でガックリと衰弱し、立ち枯れたように攻勢は停止するに至るという「エアランドバトル」理論を発見した。米ソの空軍力の差から、実際にそうなるであろう蓋然（がいぜん）性は高かった。

せっかく米陸軍航空隊が磨き上げた「攻撃ヘリによる最前線での無休止反撃」の遅滞防禦メソッドは、とうとう出番がなかったのである。

長期の「テロとの戦争」と、ヘリ搭乗員の慢性疲労

アメリカ軍が2003年にイラクに侵攻してから、2019年には17年になる。イラク占領の直後から始まった同国内での対ゲリラ戦からは、オバマ政権時代の2011年末に、米軍は概ね撤退を完了した。

が、アフガニスタンでは、当時から今日まで、途切れることなく、米軍対タリバンの交戦状態が続いている。

前述の2014年のアパッチ事故も、州兵の召集訓練の日程が詰まりすぎていて、クルーが疲労していたのも一因だったのではないかと疑われた。

2017年11月には陸軍航空隊の長が連邦議会に呼ばれ、予算が削減されたせいでヘリコプター部隊の訓練飛行時間が過去30年の最低に落ちていると証言した。

2018年1月に、カリフォルニア州フォートアーウィンで、陸軍第4歩兵師団（コロラド州フォートカーソン）所属のアパッチ1機が、ミサイル等を吊下した武装状態で沙漠におけるルーチン飛行訓練中に墜落し、乗員2名が死亡している。土曜日の未明であった。

時のマティス国防長官は、中東で16年間も戦争中であるために、軍用ヘリの飛行訓練にも皺

寄せが及んでいることを認めた。同長官は、予算なしでは訓練はできず、訓練なしでは実戦に備えられない、とも強調した。

同年4月、第101空挺師団のあるフォートキャンベルで、朝の9時50分にAH－64Eアパッチが墜落。操縦していた2名が死亡した。

構造上、射出座席を設備できない回転翼機の墜落死亡事故を、なくすことのできている軍隊は、世界にひとつもない。

GPS誘導ロケット弾が「攻撃ヘリ」の活躍範囲を狭くする

アメリカ陸軍は2004年に、装軌式自走多連装長射程ロケット砲であるMLRSから発射するロケット弾を、GPSで終末誘導できるように改良した。

天候に関係なく、70㎞以上も遠くの目標に発射しても、発射前に入力したGPS座標から、わずか誤差10ｍ以内で着弾してくれる。しかも、89㎏の弾頭重量の半分弱が炸薬なのだ。数名規模のゲリラ集団や、機関銃陣地ぐらいなら、この1発だけでケシ飛んでしまう。

もしもGPS電波が掻き乱された場合には、内蔵のINS（ジャイロ式慣性航法装置）が働いて、コースはそれなりに規正される。

ドック型揚陸艦『アンカレッジ』の後甲板からHIMARSを発射した実験。70km先のGPS座標に誤差10mで着弾してくれる自律誘導ロケット弾だ。（写真／USMC）

米陸軍は05年からは、この誘導ロケット弾をトラックの荷台から6発発射できる「HIMARS」を完成してアフガニスタンの最前線に送った。

12連射ができるMLRSの装軌車両の全備重量は25トンを超えていたので、気軽な空輸などとても考えられはしなかったが、HIMARSならば、「C－130」というありふれた戦術輸送機によって、アフガニスタンの荒野のどこにでも降ろしてやれるのだ。

これを受け取ったアフガニスタンの米軍将兵は、ゲリラ討伐作戦に使ってみて、絶賛した。2010年頃には、もう歩兵の支援火力として、155ミリ野砲も120ミリ迫撃砲もアパッチも要らないのではないかと、現地の歩兵部隊は思うようになった。米陸軍上層部も認識を共有し、155ミリ野砲の調達数が減らされている。

155ミリ野砲弾にも、レーザーによって終末誘導される「エクスカリバー」という砲弾があるのだが、1発20万ドルもする。射程はロケットアシストにより37㎞まで届くが、充塡炸薬は6・6㎏だ。

それと比較して、誘導ロケット砲弾GMLSは、2倍の大射程で6倍の爆発力なのに、単価は10万ドル、つまり「二分の一」におさまっているのだ。

そのロケット弾を発射するランチャー車両(装輪トラック・ベース)が300万ドルするけれども、自走砲やMLRSにくらべれば格安である。

歩兵部隊の重火器である120ミリ迫撃砲は、射程が7500m、充塡炸薬2・2㎏で、誘導砲弾もないことはないが、歩兵のパトロール小隊の7500m以内に重火器小隊が必ず追随してくれている保証はない。

そしてアフガニスタンでは、歩兵部隊がアパッチの支援を無線で要請してから、実際に飛来するまで、平均65分かかるという。そのアパッチから発射されるヘルファイア・ミサイルの弾頭炸薬量は、わずか1㎏である。

米軍哨所(しょうしょ)から70㎞以上も離れた土地を歩兵たちがパトロールすることはまずないので、H

空のロケット弾ポッド、ヘルファイア用４連ラック、30ミリ機関砲がよく見える一枚。アパッチはコブラと違って降着装置は車輪である。（写真／US Army）

ＩＭＡＲＳが哨所内にあるならば、前線歩兵はどれだけ心強いか分からない。

30ミリ機関砲で弾薬の空地共通化

米海兵隊は最新型の「ＡＨ－１Ｚ　ヴァイパー」でも20ミリ機関砲（３本銃身のガトリング式）を増口径する必要を感じておらず、他方で米陸軍は、「ＡＨ－64」の30ミリ機関砲（銃身は１本だが機関部は外部動力によって駆動し、もし不良弾薬があっても射撃が中断しない）に満足しているようだ。

２０１０年の報道によれば、米陸軍のＡＨ－64は30ミリ機関砲弾を年に50万発も射ちまくっているという。その１発の値段は、１００ドル以上もするのだが……。

2014年にウクライナを侵略して本性を露わにしたロシア軍と、次はそろそろ東欧戦線で直接対決することになると予期した米陸軍は、ドイツに駐留させている「ストライカー」装輪装甲車の一部に、アパッチと同じ弾薬を発射できる30ミリ機関砲を増設した（それまで、ストライカー装甲車の通常タイプには12・7ミリ機関銃しか付いていなかった）。

30ミリ機関砲弾の徹甲榴弾は、ロシア軍の兵員輸送用装甲車に対して2000mまでも有効だ。

米陸軍の主張では、装甲車の機関砲の弾薬をアパッチと共用にしておけば、同じ物資輸送用のヘリコプターが、アパッチ部隊にもストライカー部隊にもついでに弾薬を補給して回ることができるので都合がよいという。

イスラエル空軍に配備された「アパッチ」

米軍以外の各国軍のアパッチもざっと見ておこう。

先述の如く、イスラエル空軍にはアパッチは1990年から引き渡され始めた。93年までには44機のA型が揃ったという。

イスラエルは2005年から、既存のA型のうち18機をD型ロングボウへ改修してもらい、

強襲揚陸艦『アメリカ』の飛行甲板上でホバリングする海兵隊の AH-1Z ヴァイパー攻撃ヘリ。サイドワインダー（両端）やヘルファイア（奥）も余裕で吊るしてしまう。（写真／US Navy）

加えて9機の新品のAH－64Dも購入する。そのFMS費用は6億ドルにもなった。

この折の米政権は、共和党のブッシュ(子)である。2005年1月から、2期目がスタートしている。前年11月の大統領選挙の集票宣伝のためにこの契約（受益者はロッキードマーティン社など）が役立てられていたのかどうかは、詳らかにしない。

05年4月、イスラエル国内の左派系新聞が、政府によるこの高い買い物を批判した。コストに見合うメリットがないという、堂々の軍事評論だった。

批判者は言う。

――シリア軍の戦車などはもう脅威ではなくなっている。今はガザ地区のハマスやレバノンのヒズボラなどのテロリストをどう始末するかが軍としての緊要課題である。

しかるにロングボウは「対戦車スペシャル」の器材で、都市部での対人攻撃に対応したシステムではまるでない、と。

さらに批判者は2003年の米軍の戦訓を引いた。

——米軍がイラクのカルバラ（バグダッド南部の人口密集地）を攻めたときに、ホバリング中のアパッチが28機～30機も、地上からの小火器射撃を受けて酷く損壊させられているではないか、と。

この評論は予言的だった。2006年の第二次レバノン戦争（初めてヒズボラと直接対決した、イスラエルと非アラブのイランとの間の代理戦争）で、イスラエル軍も、1機のアパッチを喪失した。

2006年のヒズボラからの攻撃によって得られた戦訓

レバノンに蟠踞（ばんきょ）し、シーア派のイランの代理人となっていた武装集団ヒズボラは、2006年7月12日、南隣のイスラエル領に向けて122ミリ多連装ロケット弾（1万2000門もイランから供与されていた）を撃ち込むとともに、国境を警備していたイスラエル軍の高機動車を襲撃して兵士3名を殺し、2名を捕虜にしてレバノン領内へ拉致し去った。

ヒズボラが、イスラエル内に収監されているテロリストとの「捕虜交換」を要求すると、イスラエル政府は戦争で答えた。

驚かされたことは、ヒズボラは、イラン革命防衛隊によってすっかり軍隊式に訓練されており、ガザ地区のハマスなどとは段違いな精鋭だった。

イスラエル空軍機の延べ出撃機数は、第四次中東戦争や1982年の第一次レバノン戦争時を上回った。砲兵による攻撃も、第四次中東戦争時の2倍の弾薬を射耗した。にもかかわらず、徹底的にトンネルを利用したヒズボラの陣地は無傷に等しかった。

ロシア製の「コルネット」対戦車ミサイルは、最新型の「メルカヴァ4」型戦車を5両、完全に破壊してみせた。

市街戦中にイスラエル兵が、近くの建物を掩体壕（えんたいごう）にしようと飛び込むと、どこからともなく旧式の「サガー」ミサイルが2発飛んで来る。1発目でコンクリートブロック壁にヒビが入り、2発目で内部は崩落するため、イスラエル兵は、ひとつの家屋内に長くとどまることもできなかった。

1982年の作戦時のように、イスラエル艦艇による海からの砲撃も加えられた。が、ヒズボラは7月14日に陸上から中国製の「C－802」ミサイルを発射して反撃。イスラエルの砲艇『ハニト』は乗員4名を殺され、火災を起こして港へ逃げ戻らねばならなかった。

ヒズボラは1日あたり100発以上のロケット弾をイスラエル領内へ撃ち込み続けた。これらのランチャーの事前破壊は、イスラエル空軍にも不可能だった。逆に、航空基地に落下したロケット弾のため、離陸中の1機のF－16戦闘機が大破させられたりもしている。

ヒズボラの戦闘員は、イスラエル兵そっくりの軍服も用意しており、なおかつ暗視ゴーグルも支給されていた。もし味方の戦闘ヘリコプターに、夜間、遠くから敵兵の姿形を間違いなく見極められるぐらいの視察装置が備わっていないならば、そのヘリコプターは、返り討ちに遭ったり、同士討ちをする恐れがあった。つまり、前線ではもう役に立ちそうにない——ということが認識された。

アパッチ1機が、おそらくロシア製のMANPADSによって撃墜された。しかしその他に、損害を受けたことを部外には隠し通したケースがあっただろう。

米国ブッシュ（子）政府は、イスラエルの「自衛」を承認するとともに、平時の手続きをすっとばし、イスラエルのために精密誘導爆弾類を緊急に送り届けている。イスラエル空軍は、あまりにも多数のソーティを休まずに送り出したため、弾薬ストックがすぐ底をついてしまった。

7月20日には米連邦議会も、決議でイスラエルの自衛権を支持した。

この戦争について、他国領土内へ深く地上侵攻する軍事行動を米国が「自衛」だと認めていることは、日本が対韓国自衛を遂行する上での参考にもなるだろう。

この戦争は8月14日に引き分けられて、幕が引かれた。最初の2名のイスラエル兵捕虜は、生きたまま返還されている。

１５５ミリ榴弾砲を廃止したイスラエル軍

ヒズボラのトンネル陣地に１５５ミリ砲弾を12万発以上も叩き込んだのに、ほとんど実効がなかったことを戦場調査によって把握できたイスラエル陸軍は、長距離ロケット弾（地対地型）にＧＰＳ誘導装置を取り付けてピンポイント破壊手段にするという米陸軍の試みを参考にして、２０１１年以降、独自の対ゲリラ報復手段を完成するに至った。今ではこれが、かつての攻撃ヘリの対ゲリラ・ミッションの一部を、完全に代行している。

ガザ地区のゲリラの間にすらＭＡＮＰＡＤＳが行き渡りつつある現在、これは、味方のＦ－16やＡＨ－64のパイロットにとっての大いなる朗報だという。

米国製の２２７ミリのＧＰＳ誘導式地対地ロケット弾（射程70㎞）は高額だというので、イスラエルは径１６０ミリで射程40㎞の「アキュラー」というＧＰＳ誘導ロケット弾と、径６１０ミリで射程３００㎞～４００㎞（これは米軍や韓国軍の「ＡＴＡＣＭＳ」とほぼ同じ）の「ＬＯＲＡ」というＧＰＳ誘導ロケット弾を、２００７年までに早々と試作した。

「アキュラー」があれば１５５ミリ榴弾砲はもう必要がないことが、スペックから分かるだろう。10mの命中精度があれば、ただの1発で、ヒズボラの塹壕陣地を沈黙させることができる。

それでは、沙漠の野戦における、自軍の戦車部隊のための直接支援火力はどうするのかというと、イスラエル軍は、GPS誘導砲弾を発射できる自走式の120ミリ迫撃砲を数門、戦車部隊に混在させることにしたという。それによって実戦における砲弾の所要量が9割以上も減ってしまい、多くの砲兵部隊が用済みとなって解散されたのだった。第三次中東戦争当時の「オール・タンク・ドクトリン」を復活させてしまう可能性すら、120ミリのGPS誘導砲弾には、あるといえよう。

さらにイスラエルは、径306ミリで射程150kmのGPS誘導ロケット弾「EXTRA」を2016年に完成し、その艦載型や、空対地型もこしらえつつある。これが、米軍のHIMARSの向こうを張ったものであることはいうまでもない。

わが国が注目する価値があるのは、「LORA」の射程300kmというスペックだ。だいたい200km弱の射程がある地対地ロケット弾ならば、先島群島の海岸から発射して、魚釣島(尖閣諸島の主島)を火制することが、陸自にも可能になるからだ。

逆にいえば、これ以下の射程の155ミリ火砲や203ミリ火砲、227ミリ多連装ロケット砲がなんぼ陸自の「特科」に揃っていようとも、その投資は、わが国の島嶼に対する敵の侵攻を躊躇させる「抑止力」としては、ほぼ無意味だ。

今日、パキスタンですら、射程80kmのGPS誘導式地対地ロケット弾を自主開発できている。

防衛省はいったい今日まで何をやっているのかと思うのは、筆者だけだろうか？

オバマ政権を怒らせたイスラエル

２００６年10月９日の北朝鮮の第一回地下核実験は、イスラエルにとっては他人事ではなかった。日本と違って国土がコンパクトなイスラエルは、もしも頑敵のイランが（北朝鮮から知識を授けられるなどして）核武装してしまった場合には、もはや国民をその国土内にとどめておくことは、合理的でなくなるかもしれない。すなわち、今のイスラエル国家そのものが、夜逃げを余儀なくされてしまうおそれがあるのだ。果たして、イスラエル人の神から「約束」されたと信じられている、地中海とヨルダン川の間に広がる土地を捨て去る選択は、彼らの宗教上、耐え得る話だろうか？

２００９年１月20日に米国では民主党のバラク・フセイン・オバマ政権がスタートした。

そして同年の３月末、イランの核武装阻止こそ国家最大の課題だと信ずるベンヤミン・ネタニヤフ（不成績におわった06年のレバノン侵攻には責任が無い）が、イスラエルの首相に返り咲く。

このオバマ政権とイスラエルとの関係は、終始、悪い。

まず、いきなり２００９年１月（日付はいまだに特定されていないが、世界が騒ぎ始めたのが３月下旬だったことからして、月の後半ではないかと疑われる）に、イスラエル空軍機がスーダン領まで長駆侵攻して、ポートスーダンからエジプト国境へ向かっていた密輸隊商（かなりの数のトラック集団）を、ひとけのない沙漠の道路上で猛爆して全滅させるという作戦を実行した。

イスラエルは、イランの革命防衛隊が紅海に面したポートスーダン港に、イラン製の地対地ロケット（射程が70㎞もあるもの）を多数荷揚げし、それを密貿易団のトラック隊によって陸路、エジプト内（国境警備係は容易に買収できる）まで搬入せしめ、ガザ地区のハマスに供給し、イスラエル本土をテロ砲撃させるという計画を、阻止したらしい。

タイミングからしてオバマ政権に何の相談もしなかったことが強く推定され、だとしたなら、それが就任早々のオバマ氏を怒らせたであろうことも想像に難くない。

空爆の主力は爆装したF－16戦闘機。それをF－15戦闘機が護衛し、隊商の動静監視には「ヘルメス450」が使われていた可能性がある（この時点では「ヘロン」の大型版は未完成）。おそらくは道路脇にはコマンドー部隊も潜伏していて、レーザーによる目標指示をしているのではあるまいか。

この事件で隊商は死者を1000人くらいも出した模様だと世界が承知するのは、ようやく3月下旬以降である。現場は人が住んでいない土地らしいと推察される。

イスラエルからスーダンまでジェット戦闘機で往復するには2時間半を見なければならず、途中で空中給油があったのも確実である。そして、この時点では「イランの核武装」は、イスラエルとサウジアラビアの共通の懸念事項になっていたから、「イランに対する長駆爆撃の予行演習」として、サウジアラビアがなんらかの対イスラエル協力をしていた可能性もある。

たとえばアラビア半島内に秘密の中継給油ポイントが設けられたとすれば、イスラエル軍のAH－64アパッチがスーダン沿岸を襲撃することも、あるいは可能になるだろう。

イスラエルは2月にも空襲を重ねた。場所は紅海で、こんどは、ハマスに渡るはずのイラン製のロケット弾を積んだ密輸船が撃沈されている。陸路ではダメだと理解したイラン側が、こんどはポートスーダンから海賊の小型船を運び屋に仕立てて、エジプト沿岸まで北上させようと試みたのかもしれない。

2009年5月下旬、オバマ政権は、イスラエル軍にまだ残されているアパッチA型×6機をD型へアップグレードしたいというイスラエル政府からのFMS要求を、拒絶した。ガザ地区のテロ集団ハマスに対する報復攻撃で、イスラエル軍が一般住民を巻き添えに殺しているのには米国として加担ができない、というのが理由だった。

イスラエル軍は難問をつきつけられてしまった。

相次ぐ対テロ作戦で得られた戦訓が、《AH－64A型は、夜間の都市部でテロリストをひとりひとり照準して正確に殺害するというミッションにはまったく不向きなので、早くD型にアップグレードするべきである》というものだったからだ。

イスラエル空軍が選んだ路線は、やがて、次第に明らかになる。

2011年4月11日、1台のランドクルーザーが、ポートスーダンからエジプト国境まで延びた道路の途中で、小型ミサイルによって吹っ飛ばされた。即死したのは、ハマスの武器買い付け担当の幹部だった。

現場から「ヘルファイア」ミサイルの破片が見つかったため、スーダン政府は、イスラエル軍のAH－64が海からやってきて攻撃したのだと非難した。

しかし、そんなことが可能だろうか？

イスラエル本国から発進するとすれば片道1000km以上。イスラエルの準同盟国である「南スーダン」（2011年にスーダンから分離独立。非イスラム教徒が多い）領内から発進したとしても距離はそれほど縮まるまい。いくら特殊増槽を取り付けたとしても、これは攻撃ヘリにとって合理的なミッションのようには思えない。

途中で不時着した場合の政治的リスクなども勘案すれば、固定翼の武装無人機がヘルファイアを発射した可能性を、とりあえず疑うべきだろう。

2011年11月と、同年12月にも、イスラエル空軍が、同じ街道上で、ハマスのための武器（地対地ロケット弾）を輸送中のトラック車列を、空爆した。

2012年には、ポートスーダンの地元の「実業家」の自動車に爆弾が仕掛けられ、実業家は死亡した。エジプト経由でガザにイラン製武器を運ぶ組織の、大物であった。

前後して、イランからポートスーダンに届けられたばかりのコンテナがイスラエル軍機によって空爆され、現場には500kgもしくは1トン爆弾が命中したとおぼしいクレーターが残された。

スーダンは住民も政府もスンニ派なのに、イランの石油マネーの力で籠絡（ろうらく）されつつあった。イランはスーダン内に武器工場や弾薬工場まで建設し、それを迂回経路で反イスラエル・ゲリラに供給していた。

2013年10月、そのイラン資本の弾薬工場が、イスラエル軍機の空襲で灰になった。

「アパッチ」ではイランに対処できないという現実

イランが、カタールやスーダンを経由して反イスラエル工作を執拗に仕掛けてくるのに、作戦行動半径の短い「戦闘ヘリ」では、手も足も出せない。この冷厳な現実から、イスラエル空軍内には、有力な「無人機派」の人脈が育ったと想像できる。地政学的環境の変化が、国軍の装備体系にシフトを促すのだ。

それでも、ヒズボラやハマスとの小競り合いが続いている境界線の付近であれば、アパッチに期待できる仕事はまだまだあった。

2012年11月の米国大統領選挙で、オバマ氏の2期目の続投（任期　13年1月～17年1月）

が決まると、イスラエル空軍は《残っているアパッチA型は、もう米国にはアップグレードを頼まず、国産の、対テロ作戦に適合した器材によって改善するしかない》と決心したように思われる。

イスラエル空軍は、２０１３年の時点ではＡＨ－64アパッチを、Ａ型とＤ型合わせて45機弱、保有していただろうと見られる。そして遅くも同年の８月時点では、そのＡ型のための、独自開発の最新電子機器を開発し始めていた。

イスラエルは２００９年頃、米国製の70ミリ「ハイドラ」ロケット弾を、１発ずつレーザーで誘導できる対人ミサイルに改造し、それを「ＧＡＴＲ－Ｌ」と名付けていた。イスラエル空軍のアパッチは２０１４年中に、この「ＧＡＴＲ－Ｌ」を発射できるようになった。

同年、ガザ地区のハマスからのロケット弾テロに報復するためアパッチを出動させたイスラエル軍は、米国のオバマ政権から、ヘルファイア・ミサイルの供給を停められてしまう。

しかし電子装備を国産品に交換していたイスラエル空軍は、国産の「スパイク」対戦車ミサイルをＡＨ－64から発射できるように手直しすることで、この厭がらせへの回答とした。「スパイク」は赤外線画像にロックオンして発射すれば、発射母機は誘導のことは忘れてよい、ヘルファイア級のミサイルだった。

なお、このミサイルの射程をさらに25㎞まで延ばした「スパイクＮＬＯＳ」という対舟艇ミサイルに、当時、韓国海軍が関心を寄せ、「ＡＷ１５９」ヘリコプター用の武装として採用しようと考えている、と報じられている。

２０１７年8月、イスラエル軍の１機のアパッチの尾部ローターに不具合が起きて墜落。乗員2名のうち1人が死亡した。

以上、イスラエル軍のＡＨ－64の運用史について瞥見（べっけん）した。次は、周辺イスラム圏のアパッチについても急ぎ足で通覧しよう。わが陸自の話は、いま暫くお待ちいただきたい。

湾岸危機で「アパッチ」を導入したサウジアラビア

１９９０年の湾岸危機でイラクから電撃的に攻め込まれる恐怖を体験したサウジアラビアは、早くも93年にアパッチのA型を12機、購入している。

２００３年時点でサウジは、最新型のアパッチを60機以上揃えねばならぬと思い詰める。これは、宗旨においてサウジが擁護するスンニ派とは深く対立するシーア派の総本山、イランからの軍事的脅威を真剣に考えるようになったからだ。

申すまでもないが、イラン人（ペルシャ人）は「アラブ」とは別の民族。かたやサウジアラビア王室は、アラブ人の中でも昔は文化の低かった「ベドウィン」の出だ。古代より帝国を建設してきた誇りのあるペルシャ人としては、メッカの守護者としてベドウィンを上に立てねばならないのが我慢し難い。それで、「こちらが正宗だ」と別派を立てて歴史的に対抗するようになったのだ。

サウジアラビアが、12機のA型をD型にアップグレードするリクエストは、2006年6月に米国政府が承認した（4億ドル）。重ねてサウジは、12機の新品のD型も輸入を希望する。

2010年9月には、サウジアラビアが70機のD型の調達を望んでいるという報道がなされた。

米国の防衛協力局は、同年10月20日に連邦議会に対して、サウジにFMS（政府間の決済保証契約）で24機のアパッチD型ブロック3（実質E型）ロングボウを売ると通知した。1536発の「AGM－114R」（ヘルファイア2）ミサイルなども含まれていた。

サウジアラビアは、資金力こそアラブ随一を誇るが、人口が少なすぎるために、もしもイラン軍がアラビア半島に攻め込みでもしたなら、自力ではとうてい勝ち目がない。その場合、米軍や、他のスンニ派アラブ諸国（人口の多いパキスタンが含まれる）が助けてくれなかったならば、大油田はもちろんのこと、究極聖地たるメッカやメディナをシーア派のイランによって支配されてしまう蓋然性が高いのだ。ホメイニ革命以降のイランは、とうぜんにそれを欲していた。

深刻な悩みは、総人口の寡少だけではなかった。サウジアラビアは、サウド家が他の部族を支配する、堂々たる非民主主義王国なのだ。これは何を意味するか？

サウド家とその古くからの家来の一族（今日、親衛軍や公安警察を構成する）以外は、対外戦争になったときに、まったく信用ができないのである。

国民の大部分が敵軍側に加担して、一緒になってサウド王家を打倒して長年の復讐を果たそうとするかもしれない。この悪夢が、常に彼らの念頭を去らない。

必然の要請として、サウジアラビアでは、軍や王室警固隊（＝サウジアラビア国家警備隊。17年時点では12機のアパッチD型も擁する）の幹部職は、才能や適性のあるなしは一切関係なく、サウド家を決して裏切りそうにない親類縁者だけで固められる。ジェット戦闘機や、攻撃ヘリコプターのパイロットも、例外なくサウド家の親類縁者だと思っていいだろう。

米国のオバマ政権は、サウジアラビア政府に、地域で突出した軍事力を与えてはいけないと警戒していた。じつはサウド家には、クウェートのほとんどと、ＵＡＥの一部の油田がほんらい、自分たちのものだという意識がある。サウジアラビア軍が地域で突出して強くなりすぎれば、やがて、実力行使の誘惑に勝てなくなるかもしれない。

さらにまたオバマ政権としては、米国が売り渡した兵器が、民主化を求める自国の住民に対する殺戮の道具となってしまう未来図を、ことさらに恐れた。自分たちの理想とするセルフ・イメージが汚損されてしまうからだ。

サウジ政府は２０１３年にも、70機のD型を要求している。しかし輸出は許可されず、かわりに翌14年9月に、ボーイング社が24機の軽武装ヘリ「ＡＨ－６」を同国へ輸出することが認められている（やはり王室警固隊向け）。ＦＭＳの総額は２億３４００万ドルと伝えられた。

2015年からイエメン干渉戦争（湾岸スンニ派アラブ諸国対イランの代理戦争）の一方の総大将となっているサウジアラビア軍は、そのアパッチ航空隊にも損害を生じている。15年に1機、そして16年にも1機のアパッチが、イエメン戦線で失われた。

サウジやUAEが誇る多数のジェット戦闘攻撃機で住民もろとも猛爆し、世界最強の攻撃ヘリをふんだんに動員してもなお、イエメン国内のシーア派ゲリラは、なかなか駆逐されない。イランからの補給を、どうにも断ち切れないためだ。

攻撃ヘリは、特殊奇襲作戦ならば活躍の余地が大きいが、堂々の「強襲」を仕掛けたり、逆に敵の大攻勢を食い止めるといった《荒仕事》には、向いていないのかもしれない。戦闘用のマシンとしては、キャラクターが繊細すぎるのかもしれないと、イエメンでの長期戦は、外野のわれわれに考えさせる。

2017年5月、ボーイング社は、5年をかけて、サウジアラビアの24機のアパッチDをアリゾナ工場でE型に改修する契約を結んだ。

70機の新品E型の購入リクエストが叶えられたとすると、サウジアラビア軍のアパッチは94機に達する可能性がある。

イラクの「アパッチ」はアルカイダ系ゲリラ対策用

２００３年にサダム・フセインとバース党（スンニ派の有能分子）をイラクから追放してしまったアメリカ合衆国は、人数は多いが行政経験に乏しいシーア派住民中心のイラク政体を一から創り直すという、重荷を負ってしまった。

ただし、内戦状態だとはいえ、イラクはそれなりの産油国であるから、米国からFMSで新生イラク政府軍のために高額の武器を供給することに、特にビジネス上の不安は無い。

イラク政府は２０１３年にオバマ政権に対して、ファルージャ市やラマディ市に巣食うアルカイダ系のゲリラを追い出すには、アパッチが必要だとして、その売却を要求した。オバマ政権も、30機までならよかろうと判断する。

ところが、上院外交委員長のボブ・メネンデス（ニュージャージー州選出、民主党）は、それに反対した。

シリアでシーア派の独裁政府を率いるアサド大統領が、２０１１年いらい、軍のヘリコプターから毒ガスや「樽爆弾」を投下して一般市民を殺傷しているようなことを、イラク政府も始めないとは限らないから――というのが反対の主な理由だった。

イラク政府はこれまたシーア派で固められているから、イランとは特に親密である。メネンデスは、イランと仲良くする者は誰であれ信用したくなかった。イラク政府がイラン軍のために自国内の飛行場などを提供し、アサド軍に武器等が渡されるのではないか、とも、メネンデスは心配した。

オバマはそんなメネンデス議員を説得し、2014年1月に、FMSが成立した。とりあえずアパッチ×6機を「リース」の形でイラク政府に届ける。とともに、これから3年間をかけて、24機の新品のAH－64E、480発のヘルファイア・ミサイルなどを、48億ドルでイラクへ売るという内容だった。

今のところ、イラク政府がAH－64を悪用しているという噂は、聞こえてはこない。

ヘルファイアを装備するクウェートの「アパッチ」

外野から見ると、クウェートのような国こそが、有力なアパッチ飛行隊を維持して、自主防衛の気概を内外に示すべきであろう。大産油国として同国は、軍備の資金には、まったくことかいてないのだから。

しかし、1990年にイラクの侵略を受けたときもそうだったが、クウェート王族には、国士を死守するという発想は無さそうであった。

ようやく2002年9月に、クウェート政府はAH-64Dを16機、米国に発注した。納品は急がれず、07年2月に最初の6機の引渡しが始まっている。

2012年7月、クウェートは300発の「AGM-114R3」(ヘルファイア2)ミサイルを買い入れた。従来の対戦車用途の「AGM-114K」(初期型ヘルファイア)と異なり、対人攻撃を考えたものだが、対装甲車用の徹甲弾としても役に立つ。

米軍は2009年頃に「ヘルファイア2」を実用化し、近年は、武装ヘリからも、また武装無人機からも、「ヘルファイア2」を専ら発射している。

誘導はレーザーによる。「ビルの特定の窓を狙い撃ちできる」と謳(うた)われるが、実際には、かなり運がよくないと、狙った窓には当たらないものだそうだ。

また「ヘルファイア2」は、三脚を据えて歩兵が発射することもできるようになっている。

エジプトへの「アパッチ」の供給をオバマが中止

エジプトは1994年にアパッチのA型を発注し、2000年までに36機を調達した。事故で失われた1機を除いて、それらは03年から07年にかけてD型に改修された。

09年、エジプト政府はあらためてアパッチD型を10機発注する。ところが米国に同年から登場したオバマ政権は、2011年にムバラク大統領を追放した「モスレム同胞団」の新エジプト政府がイスラム原理主義に傾いていることを理由として、兵器の引渡しを許さなかった。そもそも「アラブの春」に喝采し、ムバラク前大統領を見殺しにしたのは、オバマ政権のNSC（国家安全保障会議）だったのだが……。

FMSでは代金は先払いされており、契約によって、米国には返す義務がない。エジプト政府はさすがに怒り、ロシアに「カモフ52」型攻撃ヘリコプターを発注した。その最初の3機は2017年に引き渡されたものの、たちまち、米国製には劣った性能であることが痛感されたという。そもそも沙漠の環境にまったく対応していなかったそうだ。

AH－64が中東で評価が確立しているのにも、理由があった。90年代から営々と、沙漠気象に適合させるための改善がされているのである。

それでもエジプトは40機以上の「カモフ52」を買い、ロシアのメーカーに、砂塵対策を追加するように注文をつけている。これは、2014年のウクライナ侵略戦争の結果、フランス企業がロシアへ納入予定であった『ミストラル』級揚陸艦×2隻の行き場がなくなり、それをエジプトが引き取ったことと関係する。『ミストラル』級の格納甲板は「カモフ」の運用を前提に設計されていて、他機では具合が悪いのだ。

2013年7月にエジプトでアル・シン将軍によるクーデターが起こされ、モスレム同胞団は収獄されるか逃亡した。これで、イスラム過激派は一転、在野の反政府武装勢力と化す。

オバマ政権は、新しいエジプト政府が自国内の反対派(モスレム同胞団を含む)に対する攻撃に米国製武器を使うことがないよう、F-16戦闘機やM1A1戦車の納品を、15年春まで停止した。AH-64D×10機も、引き渡されなかった。

2019年1月、エジプト政府は10機のアパッチE型を発注したと伝えられている。この意味は、引渡しが引き延ばされていた、09年発注の10機がようやく納品されるということなのかどうか、ハッキリと書いてある報道は未見だ。

それがカウントされているのかどうか分からないが、現在のエジプト軍所属のアパッチは46機だという。

カタールも多数の「アパッチ」を保有

カタールはペルシャ湾岸のアラブ諸国の中ではいちばん、イランからの直接/間接の侵略圧力を受けざるを得ない位置にある。王族や支配層はスンニ派だが、庶民はそうとは限っていない。

となると、カタール王室には、是非とも頼もしいアパッチ武装ヘリで身辺を警固させたい動機が強くあるだろう。首都が大混乱したときなど、ヘリコプターがしばしば、王様の最後の脱出手段となるものだ。ヨルダン国王などは、御みずからが、ヘリ・パイロットである。

今でこそ大産油国のひとつだけれども、カタールは古来、港湾貿易で富を集めていた。だからその国風は、イスラム原理主義からは遠い。タリバンの代表が米国の外交官とじっくりと談判できるような場も、カタールをおいてはなかなか提供され得まいと思われる。

酒類も買い求めやすく、欧米人には居心地がよいため、米軍は「アルウデイド」空軍基地を使わせてもらっている。が、カタールとしては、そのことは大声で宣伝をしたくない。

同国は2012年7月に、初めて米国に対し、24機のアパッチD型をFMSで購入したいと申し出た。

さらに2018年末には、24機の新品のAH－64E型を調達するFMS契約も認められた。その24機のためのクルーは70人、地上整備員は100人が必要なので、彼らの訓練までが、込みで発注されている。カタールはこの24機を19年末までに手に入れたら、古くなった「ガゼルSA342」偵察ヘリを退役させるつもりだ。

近年カタールは、イランと親密にしすぎるだとか、アルジャズィーラ放送局が自由率直にアラブ諸国の政情報道をしすぎるとかの理由で、サウジアラビアやUAEから断交宣言を受けている。サウジには、カタールの油田も本来自分たちのものだという意識もあるのかもしれない。高性能なAH－64を多数装備した国同士が、険悪な関係となっているのだ。

UAEはイエメン戦線に「アパッチ」を投入

UAEは、湾岸戦争直後の90年代前半にアパッチの購入を決めた。

それらの具合が良さそうに見えたため、エジプトも追随したのだという。

30機のA型は、2001年から08年までかけて、少しずつ、D型にアップグレードされた。

2010年10月には、新品のD型（E型に近いもの）を30機、買い足すFMSが米政府により許可される。

2015年からUAEは、イエメン戦線にアパッチを投入する。イランが後援するシーア派ゲリラ「フーシ」のために、少なくとも2機を、これまでに喪失した。

サウジアラビア軍とUAE軍を中軸とする対イエメン干渉戦争は、フーシが拠点にしている都市を無差別に空爆するものであるとして、米国議会では評判が悪い。特に民主党オバマ政権下では、新たなFMSは認可され難かった。

そこで、共和党政権が誕生することが確定した2016年末にUAEは、手持ちのD型をE型に改修し、新品のE型も9機新調したいと要求した。取引価額は35億ドルになるという。

2018年の10月に、FMSを担当している米防衛協力局は、UAEの8機の古いアパッチをE型にする改修と、9機の新品のE型をUAEに売ることを許可した。

2020年代の前半時点で、アパッチのE型を60機揃えておきたいというのが、UAEが設定するゴールのようである。

一資料には、UAEの使えるアパッチとしてはD型が28機だけであるようなことが示唆されている。

UAEにおける戦闘ヘリコプターの所属はユニークだ。空軍と陸軍の合同コマンド「第10陸軍航空旅団」が大半を保有するのだが、その他に、特殊部隊もAH－64を装備するという。

「アパッチ」を買わなかったトルコ

イスラム教国として唯一、NATO（北大西洋条約機構）に加盟し、米国から戦闘攻撃機を調達できる立場にもあるトルコが、隣国ギリシャやイラクのアパッチ武装を尻目に、AH－64に関心を示さないでいるのは、興味深い。

その代わりにトルコは、イタリアのメーカー、アグスタ社と組んで、同社の「A129 マングスタ」をもとに、小改良した新型攻撃ヘリを国産する道を2007年から模索した。

完成したのが「T－129」武装ヘリで、2009年から製造が開始され、いま、少なくとも

双発エンジンがよく分かる海兵隊のＡＨ-１Ｗスーパーコブラ。（写真／USMC）

44機以上ある。

最初の9機が戦列化したのが２０１４年5月で、トータル発注数は60機という。

固定武装は20ミリ機関砲。「ヘルファイア２」を模倣した国産ミサイルも運用可能だ。

トルコがアパッチに手を出さない理由はいくつかあるだろう。２００３年に首相に就任してから着実に国内をまとめ、14年には大統領になったエルドアンが、米国兵器への全面的な依存は、トルコの自主外交にとって危険になり得ると判断していることが大きいのではないか。

またトルコは産油国ではないので、資金の制約もあるだろう。

さかのぼると、トルコ陸軍は、１９９０年代初めに10機の「ＡＨ－１Ｗ　スーパーコブラ」（米海兵隊の装備する双発型）を調達している。その際また中古の「ＡＨ－１Ｆ」（エンジン単発のＳ型を近代化したコブラ）も米国から32機、購入した。

２００９年10月の時点で、もともと10機あったＷ型は６機しか稼働しておらず、古い「ＡＨ－１Ｆ　コブラ」の方はまだ23機ある、と報道されている。

トルコはその時点でＰＫＫ（左翼系のクルド族の武装組織。旧ソ連とつながりがあった）討滅を最優先課題に据えていた。そのために米海兵隊の中古のＷ型を10機ほど売って欲しいと、米国大使に要請している。

２０１１年、米国政府はＦＭＳにて２機の新品のＡＨ－１Ｗをトルコが追加調達することを許可した。

なお２０１０年時点でトルコは、古いＡＨ－１の部品を無償で、同じイスラム教国のパキスタンに譲渡もしている。パキスタンも「コブラ」の運用国で、米国としては、同国北部のパシュトゥーン族（タリバンの母集団）の監視にコブラを役立てて欲しいという期待がある。

２０１８年には、トルコが新品の「Ｔ－１２９」をパキスタンに30機売る契約が結ばれている。

いまやゲリラが相手でも、戦闘ヘリは楽には勝てなくなっていることが、２０１６年６月、トルコ軍によって例証された。クルドのＰＫＫが「ＳＡ－７」らしきＭＡＮＰＡＤＳでコブラを撃墜する衝撃的な動画がインターネット上にアップロードされたのだ。

また２０１８年２月には、やはりクルド族の戦闘組織であるＹＧＰの対空砲火のため、トルコ軍の1機のAH－1（型式不明）が撃墜されている。

ギリシャの「アパッチ」は対戦車用の「D型」

ギリシャ陸軍は1995年にアパッチA型の購入を希望し、96年から20機を調達した。

2003年9月、ギリシャ国防大臣はボーイング社と、12機（＋4機）の「D型」を買う契約を結んだ（4機はオプション）。納品は07年1月から開始された。

ギリシャの仮想敵は、同じNATOに属するトルコの戦車部隊だった。直接の対決こそ1920年代を最後に、していないのだが、第二次大戦後も、キプロス島の帰属問題など、多方面でトルコの威圧を感ずる位置にギリシャは置かれている。

そんな彼らにとってAH－64E型の性能は、別にありがたくもない。対戦車遠距離交戦に特化しているD型こそ、満足のいく機種だった。

2010年の時点でギリシャは、A型アパッチを19機保有しており、そのうち12機をD型の「ブロック2」にアップグレードしたいと希望していた。これは、ビデオ動画の送受信がスムースにできる仕様だ。

2003年に発注された12機のD型は、事故によって現在までに3機が失われている。

インターネットでは、２０１６年９月のギリシャ軍の演習の際に起きたアパッチの墜落事故の動画が視聴できる。

海から陸に向けて超低空からアプローチして、兵装を発射した後、汀線上で急上昇&反転して、再び海上を超低空で飛び去ろうとしたアパッチが、その降下の勢いを止められずに着水してしまって、激しく前転。さいわい、パイロット2名は脱出して生還できたという。

財政が破綻状態にあるギリシャ政府には、残るA型をD型に直してもらう資金も無いのではないかと思われる。だからといって、改修工事をせずにいれば、古い攻撃ヘリコプターは早晩、飛行できなくなる。

インド陸軍が念願した「アパッチ」の導入

インドでは空軍がヘリコプターも管掌する伝統があった。

これには、インドの独立運動の志士たちを、インド陸軍が英国の犬となって弾圧したという暗い過去が、影を落としている。

そのため独立いらい、インド陸軍は潜在的なクーデター主体として文民政権から抑圧され続けたのに対し、インド空軍はそうした政治的嫌疑をかけられることなく、のびのびと発達し得た（このへんの事情は、２０１７年の拙著『日本の兵器が世界を救う』でお確かめいただこう）。

さりながら有事にＣＡＳ（近接航空支援）を受ける陸軍の都合としては、ＣＡＳ専用機は陸軍の所属でなくてはどうにも困る。

旧宗主国の英陸軍も、第二次大戦中から、空挺作戦用グライダーや、コマンドー部隊の輸送機、砲兵の観測機などを保有していた。戦後も、輸送ヘリと武装ヘリを、英陸軍の所属にしているのだ。

やっと２０１２年にインド陸軍は、空軍所管であった攻撃ヘリや輸送ヘリの一部を陸軍に移管させることにつき、空軍といったん合意した。

ところが13年４月、インド国防省はこれを実行しなかった。インド空軍が強く抵抗したようだった。

その時点でインド軍には、大小各種あわせて二百数十機のヘリコプターがあった。

ロシアは、旧ソ連時代の「ミル24」武装ヘリを輸出用に手直しした「ミル25」や、性能強化型の「ミル35」をインドに売ってくれるのだけれども、ヒマラヤの高地環境で米国製ヘリとロシア製ヘリをじっさいに飛ばしてみると性能の差は歴然としており、なおかつロシアが隣国のパキスタンにも「ミル24」系の武装ヘリコプターを供給する姿勢がインド人を怒らせた（米国もパキスタンに「ＡＨ－１Ｚ　ヴァイパー」を15機、ＦＭＳで売ることにするのだが）。

２０１４年９月、インドのモディ首相が訪米した折、米国が34種類もの最新兵器の数々をインドに売却、もしくは共同開発することになったと、オバマ政権として発表した。
生産に必要な技術をすべてインドへ開示するアイテムには「ジャヴェリン」（3マイル弱先の敵戦車に照準をつけて歩兵の肩から発射すれば、あとは射手が誘導をしなくとも、赤外線イメージ画像を判断してミサイルが勝手に敵戦車の上面装甲を穿貫（せんかん）してくれるミサイル）があった。インドはこのために40億ドル出すつもりだと、前から報じられていた。

しかし目玉はなんといっても、ロングボウ対応のアパッチ攻撃ヘリ×24機と、最新型の大型輸送ヘリ「チヌーク」×16機を、FMSでインドに輸出しようという話だった。90年代に企業機構改革を成功させたインドは、2001年から米国製兵器の輸入に前向きに転じたが、AH－64のように攻撃力を象徴するアイテムの大型商談は成立していなかった。

インド空軍は、1991年の湾岸戦争で米陸軍のアパッチ攻撃ヘリが、深夜に超低空で敵領土に忍び入ってヘルファイア・ミサイルを放ち、国境の比較的周波数の低い（したがって「F－117」ステルス機を探知するおそれのある）防空レーダーサイトを爆砕して味方空軍の大空襲のお膳立てをした活躍を、高く評価していた。隣の宿敵パキスタン軍を相手に「開戦劈頭（へきとう）の防空レーダーサイト潰し」を遂行する必要があるというのが、インド空軍の思い描く未来だった。また、パキスタン軍の「ミル24」を空中で撃破するのにも、アパッチがふさわしいと思われた。

だが――『日本の兵器が世界を救う』を読んでくださっている方には、これもご理解が容易であろうが――インド相手の武器商談は、決して一発で決まることなどない。

２０１５年９月の時点では機数にじゃっかんの変動があり、インド空軍がＡＨ－64アパッチのＤ型を22機、ＣＨ－47チヌークのＦ型を15機買う、という話になっていた。

２０１６年１月、インド政府は、アフガニスタン政府軍の空軍のために、自軍が使っていた「ミル25」武装多用途ヘリコプターを４機、譲渡した。

アパッチの取得が確実になってきたので、高地でのパフォーマンスが劣る「ミル24」の系列は、もはやお払い箱にしてもよくなったらしかった。

２０１６年、ボーイング社は、インドの工業大手企業「タタ」社と合弁で、アパッチＥ型の胴体部分を製造する工場を同国内に建設開始した。18年３月にそれは竣工し、６月１日には最初の胴体がタタから納品されている。

空軍用のアパッチＥ型の１号機の引渡しは２０１９年中に見込まれている。

そして２０１７年５月、インド政府は、あらたにアパッチＥ型を39機調達し、それによって陸軍が３個スコードロンを編成する、と発表した。これは、空軍の所属となる22機とは別枠である。

ようやく、インド陸軍は、任務のほとんどがＣＡＳである飛行機を、陸軍に所属させるという念願を、果たしそうである。

シンガポールとインドネシアの「アパッチ」

シンガポール空軍はＡＨ－64Ｄを20機買っている。２００５年5月から納品された。その20機のうち８機は、アリゾナ州のシルヴァービル米陸軍ヘリポートに常駐させている。これは、総面積が日本の奄美大島と同じくらいしかないシンガポール国内では、まともな演習場が得られないからだという。

同国は、年々、埋め立てによって陸地を拡大しているとはいっても、さすがに戦闘ヘリコプターの演習場までは造成はし得ないだろう（ちなみに、イスラエルの総面積は日本の四国をやや上回るぐらいといわれる）。

これまでのところ、シンガポール軍のアパッチには、１機の減損もないようだ。

２０１８年2月にシンガポールの国防相は、低空を低速で飛来する無人機を迎撃するのに、同年に初めて戦列化されるアパッチ戦闘ヘリが役立つ筈だと、豪州のメディアに対して語った。この発言を引き出した豪州人リポーターの念頭には、インドネシア軍が同年から戦列化するＡＨ－64があったと思われる。

インドネシアの陸軍参謀総長は２０１７年に、中共が海底資源を狙っているＥＥＺ（排他的経済水域）を防衛するために、ナトゥナ諸島に数機のアパッチを常駐させると語っていた。

ＦＭＳを許可する米国国務省から見ると、攻撃ヘリは、作戦半径が固定翼機よりも短かく、多数の兵員を輸送する機材でもないため、どんな強力なものを売却したところで、少数機である限りは、周辺地域の重大脅威にはならないと考えているのかもしれない。そして少数機でも値が張る、アパッチのようなアイテムは、米国の第２次産業にとっては、理想的に近いだろう。

しかしシンガポールから眺めれば、対岸のナトゥナ諸島に置かれるアパッチは、自国に対する潜在脅威（やはり「低空」を「低速」で飛来する）と映らざるを得まい。

シンガポールの隣国のイスラム教国マレーシアは、口にこそ出さないが、もし機会があればシンガポールを吸収併合してしまいたいと思っている。そしてＡＳＥＡＮ最大のイスラム教国のインドネシアは、やはり口には出さないが、そのマレーシアの領土の多くがインドネシアにこそ帰属するべきであると信じているのだ。

インドネシア軍に８機のＡＨ－64Ｄ型アパッチ攻撃ヘリコプターを売却する話を進めていると、米国務省（ヒラリー・クリントン長官）が公表したのは、２０１２年９月であった。

翌２０１３年にＦＭＳが認められて、８月にジャカルタ市を訪問中のヘーゲル国防長官が、約５億ドルで８機を売ると語った。

機体本体のみだと、１機が４１００万ドルだという報道もあった。

インドネシア側からのＦＭＳのリクエスト文書には、アパッチの用途として、国境警備の他、対海賊や、マラッカ海峡の自由航行のためにこの装備を役立てると記されていた。

2017年12月、納品第1号機が米空軍の「C－17」戦略輸送機で、ジャワ島へ搬入された。

2018年5月には、8機が揃って部隊運用を開始した。

世界のアパッチ導入国の中で、日本の陸上自衛隊よりも調達規模の小さい、今のところ唯一の軍隊が、インドネシア軍だ。

米国は、インドネシアが中共の海洋侵略を自力で拒絶できるようにと期待して、この武器を売った。

しかしインドネシアはその前にロシアから「ミル35」武装ヘリコプターを調達しており、こちらのラインナップも捨てるつもりはない。

インドネシアは、南隣の豪州とも、外交上、ずっと緊張関係にある。

将来、もし米国政府の気が変わって、補給面でのイヤガラセを受けても国防に穴が開かないように、しっかりと配慮しているのだ。

「アパッチ」を「艦載機」に変えた英空軍

中東、ギリシャ、東南アジアの次は、北部欧州に目を転じよう。

英国内の景気が上向いていた１９９５年に英陸軍は、みずからも参戦した湾岸戦争の結果を研究し、アパッチＤ型をライセンス生産することに決めた。生産は１９９８年から始まった。

８機はボーイング社から完成品を納入されたが、残り59機をウェストランド・ヘリコプター社（現在、レオナルド社と改称）でノックダウン生産。といっても、エンジン等はしっかりと国産品に換装している。

部隊配備は２００１年の９機から、開始された。最終生産機である第67号機は、２００４年７月に引き渡された。

正式名称は当初「ＷＡＨ－64」としていたが、その後、「アパッチＡＨマーク１」に改まっている。

しかし、ソ連邦が崩壊しているというのに、何の必要を感じて、英国軍は高性能攻撃ヘリコプターを装備したいと思ったのか？

英国防省は、ポスト冷戦時代には、フォークランド紛争（１９８２年）のような遠隔地での紛争がもっと増えるだろう、と予想したように見える。

アパッチを、ただの対戦車ヘリコプターとして見ていたのではなく、垂直離着陸ジェット攻撃機「ハリアー」よりも手軽に便利に使い回せる、上陸作戦（コマンドー作戦を含む）の支援機として、評価をしたのだ。

それには、アパッチを正真正銘の艦載機に仕立てなければならない。

ヘリコプター強襲揚陸艦『オーシャン』には２００４年に早々と着艦テストが実施された。06年11月には、スキージャンプ型空母『アークロイヤル』（インヴィンシブル級）にも、アパッチが着艦した。

アパッチは、半自動でローターが折り畳めるようにはできていないが、手動でよければ、それは可能であった。したがって空母や強襲揚陸艦の舷側エレベーターに載せたり、格納甲板に複数機を収納することに、特に困難はない。

問題は、不時着水したときに乗員2名が窓から脱出するまでの時間を稼いでくれる浮力がないことである。メーカーのアグスタウェストランド社（80年代から協働してきたイタリアのアグスタ社と04年に資本統合）が英国防省から依頼されて「浮力キット」を増設することで、解決した。

艦載型が完成する前に、英軍は２００７年2月からアフガニスタンにアパッチを送り（最大8機。それぞれ数週間ずつのローテーション）、米国の対テロ戦争に寄り添う姿勢を示した。英軍アパッチの初陣である。

しかし、同地でアパッチがクラスター弾頭型の70ミリ・ロケット弾を発射しているという事実が、本国では議論を呼んでしまう。対人地雷禁止条約を主導した英国が、アフガニスタンを不発弾だらけにするのはスキャンダルではないかという、ご尤もな非難だった。ならばというので２００８年6月にサーモバリック弾頭のヘルファイアを使用したところ、これまた、本国で議論を呼んでしまった。

ヘルファイアの発射ブラストや噴出デブリで、自機のテイルローター等が損傷するという困った問題も一時はあった模様である。

２００８年7月には、在アフガニスタンの英軍のアパッチが、地上の英軍パトロール隊を誤射するという、痛恨の「味方撃ち」をやってしまった。D型のセンサーの、対人員識別能力の限界が、露呈した。

２００８年11月頃は英国の財政が窮屈で、交換部品の不足のために、同時点で総勢67機あるアパッチのうち、２割ほどのみが戦闘投入可能なコンディションだと報じられた。

これが「部分的ライセンス生産」契約の、怖いところかもしれない。もし、自国内で製造をしていない、ノックダウンでまかなっている部品が、予想以上に消耗してしまった場合は、米国からの部品の輸入商談をあらためてせねばならなかったり、英国政府がその予算をすぐにつけてくれなかったり、ボーイング社や米国務省の対応が遅くなるかもしれない。

２００８年9月に1機が事故で大破し、除籍されたのを除けば、アフガニスタンで撃墜された英軍アパッチは無く、２０１４年10月をもって、英軍戦闘部隊はアフガニスタンから引き揚げた。

その頃から、英国の唯一の艦上戦闘機「ハリアー2」の引退が迫った。英国防省は、ハリアーの役目をアパッチに引き継がせるべく、艦載機化の作業を急がせた。

２０１１年3月に、洋上目標に対するヘルファイアの試射が、9発ぜんぶ命中して成功を収めた。

同年5月、キャメロン内閣は、フランス軍とともに、混乱するリビア事態に介入することを決める。英国防省は、陸軍のアパッチ攻撃ヘリを地中海へ派遣すると発表した。

ヘリ空母の『オーシャン』に積まれた4機のアパッチは、6月4日にカダフィ軍のレーダーサイトをまず破壊して、艦載機としての初手柄を挙げた。

アパッチ×4機と、フランス海軍のヘリ空母『トゥネール』が4機載せてきた陸上用戦闘ヘリコプター「ＥＣ－６６５ ティグル ＨＡＤ」が担当したのは、カダフィ軍の装備する、多連装ロケット砲（日本製のピックアップトラック等の荷台に据えたもの）だった。

心配されたのが、各種の地対空火器だった。２００３年のイラクにおける米英軍の経験からも、一定以上の高度を保つ固定翼ジェット戦闘機が23ミリ機関砲で撃墜されてしまうことはまず無いと言えた。しかしヘリコプターは、14・5ミリの重機関銃（やはりピックアップトラックの荷台によく搭載される）によっても撃墜され得る。現代のゲリラとの戦いで、ヘリコプターは依然、脆弱なのだ。

ＭＡＮＰＡＤＳ（ＳＡ－7と、最新のＳＡ－24）が、リビア軍の兵器庫にはうなっていたはずだったが、不思議にも、その脅威が顕在化することはなかった。

英陸軍のアパッチ隊は、6月13日には、30ミリ機関砲でカダフィ部隊のゴムボート複数を、リビア海岸で撃滅したという。

このリビア内乱介入は２０１１年9月をもって終了した。

アパッチを艦載機にする英軍の運用法はその後、常態化した。２０１２年には、2度の上陸作戦演習で、強襲揚陸用ヘリ空母からアパッチを飛ばした。

このように、ＡＨ－64を「海軍機」にしてしまった国は、英国だけである。

さて２０１１年10月下旬、防衛省・自衛隊の業界週刊新聞である『朝雲』の２９８４号に、不可思議な記事が載った。

陸自が２０１２年度予算を最後に調達を打ち切ることにしていたＡＨ－64Ｄを、このたびの英海軍みたいに『ひゅうが』級ＤＤＨ〔実質のヘリ空母〕から運用することはできないのだ、という趣旨の解説だった。

その理由としてまず、アパッチの機体には、米海兵隊の回転翼機のような塩害対策は講じられていない〔英陸軍や仏陸軍はそれを乗り越えているのだが……〕。メインローターを畳めない〔英軍が解決している事実を無視している〕。洋上では地形地物を目視できないので航法装置は特別高額なものに強化する必要あり〔では海自のヘリコプターはその計器ゆえに篦棒（べらぼう）な値段か？〕。母艦は常に動いているので海自との十全な通信ができないと無理〔それが今までできなかったことの方がおかしいのでは？〕。陸自パイロットに、これまでさせていない、洋上飛行訓練もさせなければならない〔陸自の大型ヘリ「ＣＨ－47」は離島の急患を輸送するのに夜間でも洋上飛行しているが、あれは訓練ぬきで飛んでいるのか?」。なので要するに不可能……。

この記事が書かれた背景を邪推するに、『ひゅうが』型にハリアーかF-35B、ダメでもせめてオスプレイを搭載して是が非でも「空母」化したいという有力なグループが（おそらくは南シナ海での対支作戦の分担を日本にさせたい米国指導層内部からのひそかな声援をうけて）すでにできあがっており、「そんなものを買わずともAH-64を載せたら、南西方面防衛には間に合うではないか。低廉に」という財務省筋からの異論・反論を早めに封じたいという意図に出たものではないだろうか?

その真相はいまだに分からないけれども、陸自の戦闘ヘリのパイロットは洋上航法訓練を受けておらず、陸幕には「攻撃ヘリを整備しよう」と考えた当初からそれをさせるつもりもなかった（必要器材をリクエストしてない）らしいことだけは、この記事でハッキリした。

アパッチのフェリー航続力がいくら1900㎞あるといっても、パイロットに洋上航法ができないのでは、九州の基地を離陸して約1000㎞離れた宮古島にすらも自力での展開は為し得まい。それのみか、沖縄本島と宮古島の間の、島影のない270㎞の宮古海峡を翔破できるのかどうかも、天候次第では甚だこころもとなくなるわけだ。

陸幕は、ポスト冷戦の地政学を考えてみようともせず、南西方面で戦闘ヘリを作戦させる必要は無いのだと決め付けていたのか、さもなくば、南西諸島で使えないことが分かっている高額兵器を、それでもいいからと敢えて整備させようとしたのか? そのどちらであっても、プロフェッショナルな仕事をしたとは評しがたいだろう。

また、話を英国陸軍に戻す。

アフガニスタンからの撤収も済ませた英軍は、他にＰＫＯ等の所要もとりあえずないので、２０１５年５月に、その時点で保有するアパッチ66機のうち四分の一を退役させ、モスボールすることを決めた。

ソ連邦が消滅した１９９１年から、歴代英政府が一貫して国防費を削減し続けた結果、最前線で８機を維持することすらも、遂に不可能になってしまった。

予算逼迫は２００８年頃からもう隠せなかった。当時67機あったアパッチのクルーは前後席あわせて１３４人が必要であるところ、人件費が足りず、どうしても68人しか揃えられなかった。部品代も手当てができないため、やむなくカニバリズム（傷みの大きい機体を部品取り用にして、バラしてしまう）が行われ、たちまち、調達した機数の「三分の一」しか稼働させられない有様に陥ったのだ。

航空機のスペア部品の交換要求頻度を高める暑熱と砂は、アフガニスタンよりもイラクが甚だしいという。

もしスペア部品の供給が予算不如意で滞れば、本国で訓練飛行できる機体がなくなり、パイロットも増やせないという悪循環にはまる。

反省した英政府は２０１５年８月、Ｄ型の50機分について、Ｅ型にアップグレード工事をしてもらうFMSを、米国にリクエストした。

だが、状態の悪い、くたびれた機体に、真新しいエンジンを取り付ける大改修を施しても、コスト対パフォーマンスは悪いと判断されたのだろう。16年7月になり、けっきょく新品のE型を米国から50機輸入する方針に転じたと報道されている。

英国内メーカーにその5％なりとも部品を製造させるための交渉が19年もしくは20年まで続く見込みだ。もし順調に契約が締結されて2020年から製造がスタートすれば、2022年から2025年にかけて新品のE型アパッチが50機、英陸軍に部隊配備される。

それと入れ替わるようにして、現有D型は2024年中には全機、退役させるという。

オランダの「アパッチ」は国連平和維持軍で活躍

オランダ空軍は、1997年からボーイング社が製造した新品のD型アパッチを、98年5月から受領している。総数は30機である。

この初号機の到着を待たずして、オランダ空軍はアメリカ陸軍から、12機のA型アパッチをレンタルし、テキサス州のフォートフッドで乗員訓練を始めた。オランダ人パイロットたちは1997年9月には一人前になり、はやくも98年4月のポーランドで実施されたNATO軍演習に、そのＡ型アパッチを駆って参加している。

ちなみにレンタル代金は２年間で総額１２００万ドルだったという（安い！　日本も、たとえば英国陸軍が整備しきれずにもてあましていたＤ型を、有償でリースしてもらえば、よかったのかもしれない）。

オランダは、カリブ海に複数の領地を持っている関係からも、米国には良い印象を平生から与えておく必要がある。そこで、自国軍を国連平和維持軍（ＵＮＰＫＦ）などに積極的に派兵する点では立派な優等生と評し得るのだけれども、米軍の海外作戦への協力姿勢に関しては、英軍や豪州軍やカナダ軍ほどには親密さを示さない。

たとえば２００８年10月の南部アフガニスタンで、こんな出来事があったという。オランダは04年から同地に６機のアパッチを持ち込んでいた。

米兵・オーストラリア兵・アフガニスタン政府軍兵からなる小部隊が、パトロール中にゲリラに待ち伏せされてしまい、包囲殲滅（せんめつ）される危機に直面した。その上空にたまたま、オランダ軍のＣＨ－47×１機と、護衛のＡＨ－64×２機がさしかかったので、無線で掩護要請をしたところ、すげなく断られてしまったというのだ。

これは本国が決めたＲＯＥ（交戦規定）が各国ごとにあるためで、どうしようもないのであった。当地のオランダ軍部隊が受けていたＲＯＥでは、ヘリコプターは、対空火器を避けるのに十分な、高度５０００ｍ以上を維持しなければならない。それより降下しては、いけなかったのだ。

そのアパッチは、30ミリ機関砲で2回、対地掃射をしてくれたが、せっかく抱え持っていたヘルファイア・ミサイルは発射せずに、飛び去ってしまったという。

包囲された部隊はその後数時間におよぶ苦闘の末、米兵1名の戦死と9人の負傷者を出しつつ、なんとか虎口(ここう)を逃れ得たという。

オランダは、アフリカのマリにも、2014年からUNPKF協力部隊を派兵している。4機のアパッチD型も、加わっていた。

2015年3月、マリで実弾訓練していたオランダ空軍のアパッチ1機が墜落。乗員2名が死亡している。

この事故により、オランダ軍の保有機数は28機になったという。

2018年9月、その28機あるD型(古いものは20年、新しいものでも16年以上使っている)を、E型にアップグレードしてもらうFMS契約を、米国政府が了承している。

独仏軍の「アパッチ」対抗商品「ティガー/ティグル」攻撃ヘリ

なかなか陸自の話にならず恐縮だが、やはり装備政策の比較のために必要なので、お付き合いを願いたい。

1982年のレバノン戦争を分析した西ドイツ軍とフランス軍は、対戦車攻撃ができるマルチロール戦闘ヘリの前途は約束されていると思ったかもしれない。

米陸軍がアパッチのA型を受領する2年前の1984年、独仏も、アパッチの向こうを張れる攻撃ヘリを開発しようという相談を始めた。より熱心だったのは、米国装備への対抗意識が強いフランスだっただろう。

当時の、西ドイツとフランスの置かれた状況を比べた場合、ソ連軍の脅威の矢面に立っていた西ドイツには、なにがなんでも新型の国産戦闘ヘリを作らねば……というこだわりは、なかっただろう。

ソ連軍戦車の装甲防護力について、西ドイツ軍は他のどこの国よりもよく調べていた。西ドイツ陸軍の戦車部隊だけであっても、ソ連軍の戦車部隊を阻止できる自信が（口には出さないが）あった。それに加えて、HOTミサイルやミラン・ミサイルもふんだんにあり、現有の「Bo 105／PAH－1」だって、悪い性能ではないのだ。

1985年に、独仏の2メーカーが半々を出資する「ユーロコプター」社が設立される。が、翌86年に米国のAH－64Aの単価が知られると、関係者は衝撃を受けた。これから共同開発しようとしていた次期攻撃ヘリの予定売価よりも安かったからだ。このため事業計画も、いったん振り出しに戻さざるを得なくなった。

西ドイツ軍は、どうしても高性能な攻撃ヘリが入り用だとなったら、米国からアパッチを買っても構わないと思っていたろう。しかし、フランスが食い下がった。

1987年の欧州人は、ゴルバチョフ書記長のソ連が、レーガン大統領のアメリカ合衆国に、今まさに屈服しつつあると理解していた。ソ連の経済的体力はとっくに尽きていた。欧州正面でソ連の側から本格戦争を開始することは、まず考えられない。

しかしその時点でソ連の崩壊を予言するのはまだ早計だった。レーガンの任期は1988年1月で終わるし、ゴルバチョフとて不死身ではないのだ。彼らの退場のあと、またアメリカが弱くなったり、ソ連の軍事的な脅威が短期間で復活する可能性に、周辺国家としては備えておかねばならない（じっさい、今、復活している）。

フランスは1987年から西ドイツを説得し、89年に開発費用の分担等について話がまとまった。

試作機の初飛行は1991年4月である。

しかしソ連崩壊後の1992年には、ドイツ（90年10月から東ドイツを編合した）の方はこれを放棄すべきではないかと真剣に悩んだ。ソ連の弱体化は不可逆的に見える一方で、開発費用はかかりすぎている。

活かす道があるとしたら、多機能武装ヘリにして、輸出を図るしかなさそうであった。

2002年3月、量産第1号機がドイツの工場から出荷されたものの、統一ドイツ軍に最初

鉄十字マークを側面に描いた統一ドイツ連邦軍のティガーHAD攻撃ヘリ。政党の私兵ではない国家の軍隊の伝統徽章について言いがかりを付けてくるのは儒教圏人だけである。（写真／Airbus社）

の4機が就役するのは2012年と遅れた。ドイツ軍の戦闘ヘリ連隊は36機からなる。

　仏軍用の1号機は2005年3月に引き渡された。

　独軍用の1号機は2005年4月に引き渡された。

　要目も紹介しておく。

　ライバルと目したアパッチは空虚自重が5165kgだったが、「ティガー（独）／ティグル（仏）」は部材に徹底的に複合材を採用することによって、空虚自重を3060kgに抑えた。エンジンの力には大差があり、アパッチは高度6400mまで上昇するが、ティガーは4000m（ホバリングだと３５００ｍ）どまりである。

巡航速力はアパッチの２６５㎞／時より遅い２３０㎞／時。滞空時間は同じ3時間でよいとされた。

戦闘行動半径は、英文ネット資料を見るに、アパッチD型の４７６㎞に対して８００㎞あると主張されているものの、おそらくこれは片道最長飛行距離の間違いだろう。兵装無しにして増槽を吊るせば、１３００㎞航続できる（アパッチは１９００㎞）。

対戦車兵装に「ヘルファイア」や「ＨＯＴ３」を選択した場合は最大８本まで吊るせる。他の対戦車ミサイルも選択可能。ＣＡＳのジェネラリストに仕上げてある仏軍仕様の「ＨＡＰ」の場合だと、「ＨＯＴ」×４本に「ミストラル」空対空ミサイル×２本とするのが標準のようだ。30ミリ機関砲の搭載弾薬は４５０発と少ない（アパッチは１２００発。またドイツ軍仕様のティガーには機関砲がついていない）。

これら量産型「ティガー／ティグル」の整備が進められる間に、欧州は深刻な経済危機に呑み込まれた。すなわち07年から08年にかけ、米国のサブプライム不況とリーマンブラザースの倒産が立て続き、全世界が景気後退に巻き込まれたのだ。

ドイツは、発注数を57機に減らした。ティガーの量産ロットの最後の12機がドイツ軍に納められたのは２０１４年であった。

フランス軍は80機発注し、09年7月にはアフガニスタンへ３機のＨＡＰ型を持ち込んでいる。

しかしフランス軍の戦闘部隊そのものが２０１２年末をもってアフガニスタンからは撤収した（非戦闘職種のみ多少残留）。フランス軍は２００１年の「９・11」テロの直後から米軍のアフガン作戦を現地で助けて、85名以上の戦死者も出している。ティグルの空白をティガーで埋めようとしたわけではないだろうが（駐留地が重ならない）、ドイツは２０１３年から、アフガニスタンに自軍のティガーを4機、送り込んだ。砂を除去するフィルター、ミサイル除けの諸装置、米軍と交信できる通信機なども特設したスペシャル機体だったが、配線間違い等があり、初期訓練中に複数回の墜落や不時着事故が起こった。

現在では、米軍のアパッチだけが、在アフガンのすべての外国部隊のためのＣＡＳを提供するようになっているそうだ。

ドイツ軍は２０１９年2月現在もまだ北部アフガンで駐留活動を続けているものの、トランプ大統領が米軍を撤収させるのかどうかに、ドイツ本国では関心が高い。

フランス軍はティグルを、ソマリアやマリでも、対テロ作戦支援に投入している。

２００１年12月、オーストラリア陸軍が22機の武装偵察型「タイガー」を発注した。その引渡しは２０１１年末に完了した。しかしランニングコストに関して、オーストラリア軍は同機に失望している。

スペイン陸軍も03年9月に発注し、07年から引渡されている。

トルコへの売り込みは、失敗した。

米国製兵器だけに世界市場を独占させないというフランスの高等政策は、しかし、成果を収めたと言えるだろう。

台湾の「AH-1W スーパーコブラ」

次に「島国の陸軍」という基本の属性、「島へ上陸せんとする大陸軍を迎撃せよ」というミッションのスタイルが、わが陸上自衛隊といささか共通する、台湾国軍の戦闘ヘリ史を辿（たど）ってみる価値があろう。

台湾の面積は、北海道（北方領土を除く）の46％ほどである。おそらく、これほど武装ヘリコプターを防衛に活用しやすい国家はないはずだ。

しかし台湾軍は、アパッチをなかなか調達することができず、ポスト冷戦時代だというのに――否、ポスト冷戦時代だからこそ、まず米海兵隊型の「コブラ」を買わねばならなかった。

台湾は日本とは違い、どんな外国からのどんな武器調達も、中共からの横槍的な阻止工作によって、容易に妨害されてしまう。

なかんずく米国と北京の関係が親密に見える間は、米国から台湾に、攻撃的（な印象のある）兵器を売りにくい。「攻撃ヘリ」は、歴代米国政府がながらく北京に遠慮をして、供与を認めなかったアイテムであった。

しかし1989年の天安門事件が、この状況を劇的に変えた。学生など約1万人の虐殺・投獄が起きたことが諸種の偵察手段によって推定され、中共指導部の対米憎悪も剝き出しになった以上、米国がもはや北京に遠慮している意味はなくなった。米欧は中共に経済制裁を科し、軍民共用の新鋭航空機などを中共に売り渡す話もすべてご破算にした。

近代民主主義国家ではないことを隠す演出が不要になり、せいせいしたのは中共の側も同じだから、台湾侵攻作戦も懸念されるようになった。まがりなりにも台湾は、西側自由主義陣営に属す。見捨てることは、米国として許されなかった。

米軍の実力を見せ付けて湾岸戦争に快勝した翌年の1992年2月、ジョージ・H・W・ブッシュ政権（1989年1月〜1993年1月）は、米国海兵隊が使っているものと同系列の「AH－1W　スーパーコブラ」を18機以上、および「OH－58D　カイオワ」武装偵察ヘリ×26機、等の台湾向け輸出を解禁した。

続けて同年の秋にはF－16戦闘機（ただし最も初期のA／B型準拠のもの）×150機の輸出も承認した。

これらは1992年11月の大統領選挙（2期目をめざした）のための国内経済界に向けた宣伝でもあった。が、現職のブッシュ（父）は結局、民主党のクリントン（夫）候補に敗北を喫してしまう。

海兵隊のスーパーコブラは、ＡＨ－１のエンジンを2基に増やした仕様で、洋上飛行に不安がない。揚力にもはるかに余裕があるので、台湾向けのバージョンでは、ＴＯＷより重いヘルファイア・ミサイルも運用できる。夜間の監視や照準に必要な電子機材は、イスラエル製が組みつけられた。

１９９３年11月（民主党クリントン政権の1年目）に、台湾軍の最初の8機が、部隊運用を開始した。

１９９７年までにＡＨ－１Ｗの陣容は42機に増え、さらに同年に追加発注が認められた21機は、２００１年（クリントン政権は同年1月20日退陣）までに納入を了えた。

調達数は計63機だが、事故損失があって、２０１５年時点で61機に減っている（その後の保有機数や可動機数についての報道は見ない）。

次に述べるように、台湾軍はアパッチも手に入れる。にもかかわらず、２０１６年時点でもスーパーコブラの追加調達には意欲的だった。その話がどうなったかについては、続報を見かけない。

次期国産戦車をあきらめて「アパッチ」を購入した台湾

アメリカ合衆国は、民主党カーター政権時代の１９７９年に中華民国（台湾）の国家承認を取り消し、中華人民共和国（中共）こそが国連常任理事国の「チャイナ」だ——とする立場に公式に転じている。

しかし同時に米連邦議会内の共和党議員たちが「台湾関係法」（Taiwan Relations Act）を成立させていたので、もし中共が将来、台湾に武力侵攻するようなことをしたら、米国は台湾の防衛に堂々とコミットする。

その法的なスタンスから、平時の台湾への武器輸出も、防衛に必要と思われるものは国務長官が許可できるのだ。

中共マネーによって経済を上向かせた民主党クリントン政権（１９９３年1月20日～２００１年1月20日）が終わり、共和党ジョージ・W・ブッシュ（子）政権（～２００９年1月20日）に切り替わると、台湾はさっそく、ＡＨ－64の売り渡しを米国にリクエストした。

しかし中共は、経済的な影響力を梃子にして、この商談を8年間妨害した。

アパッチの機体を製造しているボーイング社は２００６年に台湾オフィスを閉鎖している。

北京政府が、《台湾に高性能兵器を売るならば中国はボーイング社から旅客機は買わないぞ》と暗に圧力をかけていたであろうことは当時、誰にも想像がついた。

それより前、2001年4月に、原潜基地のある海南島の防空レーダー性能を探っていた米海軍の電子偵察機に、スクランブルしてきた中共空軍の戦闘機が接触し、戦闘機は南シナ海に墜落、電子偵察機は海南島に緊急着陸（ありていは強行偵察着陸）するという椿事が発生している。米海軍は早くから中共を近未来の米国にとっての一大脅威だと認定していたのだが、米国指導者層のすべてに、その「現場感覚」が共有されるには、なお10年以上を要したのだ。

やっと2008年10月、すなわちブッシュ（子）政権の2期目の満了も迫って、中共がもはや「報復」をしたくともできない（もし報復をすれば次の新政権との関係がいきなり悪化する）というタイミングで、米政府は、30機のAH－64D「ロングボウ・ブロック3」アパッチを30機、25億3000万ドルで売却すると発表した。

そのパッケージの中には、171基のスティンガー・ミサイル（アパッチに搭載できる空対空ミサイルでレイセオン・ミサイル・システムズ社製。4530万ドル）や、1000発の「ヘルファイア2」対戦車ミサイル（AGM－114L）、訓練機材なども含まれていた。

「D型・ブロック3」は、2012年からそれを受領しはじめた米陸軍内での評判が好かったので、あらためて「E型」と称されたものである。

台湾政府はこれを承け、2009年秋には、次期国産戦車の開発計画すらも中止して、使える装備費のできるだけをアパッチの購入に注ぎ込むことに決めた。

２０１３年６月に訪米した中共のボス習近平は、カリフォルニアでオバマ大統領（２００９年1月20日～２０１７年1月20日）と面談し、そのさい、台湾に武器を売るなと要求したものの、一蹴（いっしゅう）された。米民主党もさすがにその頃になると、あまりにも確信的なサイバー窃盗犯罪の横行等にうんざりして、中共に対して決して甘い顔はできないと承認するようになっていた。

２０１３年９月、米本土でリファービッシュ工事を施された対潜哨戒機「Ｐ－３Ｃ」が12機、台湾に届けられた（5機が続いて14年に、さらに15年には３機が届く予定と報じられた）。

２０１３年11月４日、台湾に向けて６機の「アパッチＥ型」を積んだ貨物船が出港した。それは高雄港に荷揚げされ、台湾軍は、Ｅ型を受領した最初の外国軍となった。残りの24機は14年７月末までに納品されると報じられた（実際には14年10月に完納された）。メインローターの上に取り付けられる大きなミリ波レーダーは、30機のうち17機に実装されている。この比率はかなり贅沢だ。

中共には台湾の「アパッチE型」に対抗できるヘリはない

やや重複するが、Ｅ型のスペックを確認しよう。

自重10トンで、これはD型と変わらない。

しかしエンジンは強力（T700‐GE‐701D）になり、かつ、燃費もよくなった。

D型よりもメインブレードは15㎝長く、先端形状も変わっている。

これらのおかげで空中性能が改善された。

武装は最大1トン可能。これは、ゲリラが立て籠もったビル1棟まるごとを壊してしまう力などはとうてい無いことを意味する。最大16発を抱えられる「ヘルファイア2」の弾頭炸薬は、1発わずか1㎏でしかないのだ。

うがった見方をすると《攻撃力はこれっぽっちしかないのです》という説明が、中共側を安心させていたかもしれない。

実戦出動では、E型もD型も、増槽無しだと、離陸から90分経ったところで、帰投を開始する必要がある。

巡航速度も260㎞／時ぐらいで変わらず、台北から馬祖島まで200㎞前後も飛んで、多少の戦闘をしてから飛び戻ることは、十分可能だ。

吊下する兵装を減らして、代わりに外部増槽をとりつければ、燃料は最大で3倍に増やせる。

ちなみに台湾海峡は、最も狭いところで幅130㎞。北端だとおよそ160㎞、南端だと260㎞ぐらい。中共軍の低性能の武装ヘリコプターを大陸側から発進させても、台湾海岸での戦闘時間に余裕はないが、アパッチやコブラを擁する台湾陸軍は、フルに「戦闘ヘリコプター」の恩恵を享受できる。

ヘリコプター用の優秀なエンジンがどうしても国産できない中共軍としては、同類装備（コブラ級またはアパッチ級の攻撃ヘリコプター）をもってしては対抗は不能で、何か別な攻撃手段でカバーするしかない。

アパッチの機首下の「チェーンガンＭ２３０」は、サイクルレートが６２５発／分というから、１秒で10発の30ミリ砲弾が飛び出す。

30ミリのＨＥＤＰ（二重目的高威力炸裂）弾は、50ミリ厚の装甲鈑を貫徹でき、22グラムの炸薬によって破片を４ｍ飛散させる。

照準は４０００ｍ先でも正確で、距離３０００ｍまでなら弾丸は12秒にして到達する。ふつうの上陸用舟艇では、この機関砲で撃たれただけでも、まず立ち往生だろう。尤もアパッチは、陸上では、１５００ｍまで迫って機関砲を使うことが多いようだ。

米陸軍のセオリーでは、有事に１機のアパッチは、１日に繰り返して最大６回、出撃するという。

すぐ近くの海まで押し寄せてきた敵上陸部隊の無数の小舟を、数十機のアパッチ（やスーパーコブラ）が繰り返し襲撃しては片端から沈め、基地に帰投しては燃弾を補給し、またすぐに洋上へ……という用法が、考えられているのだろう。

台湾軍の「AH-64」の事故

ハイパワーだが重量もあるアパッチの運用には、よく訓練された乗員が不可欠である。機材だけが引き渡されても、それは戦力とはならないのだ。

台湾が2013年11月に6機を受領したばかりの「アパッチE型」のうち1機が14年4月にさっそく墜落事故を起こした。

雲底が急に下がってきて、高度40mを低空飛行中のアパッチにかぶさった。パイロットはすぐに計器飛行に切り換えるべきところ、そうせず、方角の分からぬまま市街地へ迷い込み、3階建てのビルにぶつかって墜落。

米国で操縦訓練を受けてきたはずのパイロット2名の命は助かった。が、機体は全損した。この事故のあと、クルーの錬成課程が甘すぎたことが反省された。一人前扱いをされる前に、最低でも19カ月は訓練が必要なのだ。

2015年3月、台湾陸軍のアパッチのうち9機のテイルローターの、アルミ=マグネシウム合金でできたギアボックスが錆びてしまっていることが分かった。

台湾に所在するすべての航空機が、海水飛沫由来の塩分と高温多湿とによって金属部品に錆びを生ずるリスクのあるのは、さいしょから知れていることである。調査したボーイング社のメカニックは、台湾軍整備兵のレベルの低さが原因だと考えるほかなかった。

錆びてしまった9機の他、スペアパーツがなくて飛べないアパッチも12機あると報じられた。台湾軍は、２年後の２０１７年を目途に全E型アパッチを戦列化するどころか、早くも稼働するのが８機のみに減ってしまったのだ。

この事態は、どうにか乗り切れたらしい。29機のE型アパッチが、実戦できるコンディションに達したと台湾軍が宣言したのは、２０１８年７月である。

在韓米陸軍に配備された「アパッチ」

いよいよ朝鮮半島の解説に進もう。

米ソ間の冷戦が終わったことの影響は、１９９２年から目に見えて、南北両朝鮮にも波及した。

38度線と首都ソウルの間に米軍が常駐することで、北朝鮮がもしも南侵すれば自動的に米兵の死傷者が出るようにし、それによって敵の侵略決心をためらわせる――これを「トリップワイヤー」と公称する――役割を公式に担ってきた「米陸軍第2歩兵師団」の規模削減も、徐々に始まった。

　同師団内の麾下(きか)には、各種ヘリコプター部隊も揃っていることはもちろんで、90年代には、攻撃ヘリ大隊はA型アパッチを装備していた。

　ところが、東欧の崩壊に続き、1991年の湾岸戦争で判明したソ連・中国製の通常兵器の不甲斐なさに動転した北朝鮮が、原爆開発ならびに中距離弾道ミサイルの射程延伸を、もろとも大車輪で開始したらしいことが、まもなく分かってきた。

　このおかげで、第2歩兵師団と第7空軍を中核とする在韓米軍が、名目的兵力にまで削減されるとか、総撤収するという見通しは、まず、あり得なくなった。

　2001年10月、在韓米軍のためにアパッチのD型が搬入された。それは国外駐留の米軍が最初に受領したD型だった。

　米国同時多発テロの翌年、すなわち2002年の6月に、第2歩兵師団の装甲車が14歳の女子中学生を轢き殺すという事故が発生してしまう。すぐに反米デモが韓国内で燃え上がった。米国内にも、韓国などに駐留する必要はないという世論は有力であったが、北朝鮮の原爆開発情報を重視していた米政府は、まったく動じなかった。

　2002年10月になると、北朝鮮政府も原爆開発を隠さなくなった。03年2月には、ますます親北的なノ・ムヒョン韓国政権（～08年2月）が登場した。

２００３年３月、米英軍はイラクに地上侵攻し、同国を占領する。５月に作戦は終結したとG・W・ブッシュ大統領により宣言されたが、あにはからんや、それは米国にとって、中東における果てしのない泥沼、「対イスラム・テロリズム」戦争の一里塚であった。

２００３年４月からの米韓協議で、米陸軍が、第２師団の司令部や主な基地を、首都ソウルのはるか南方へ移転したがっていることが判明した（04年１月、米韓はその線で大筋合意）。

また、米陸軍は、イラクとアフガニスタンで、夜間のイスラム・ゲリラの動静監視や攻撃に重宝する「ＡＨ－64Ｄ」の不足を感じているらしいことも分かってきた。

韓国陸軍への「アパッチＥ型」の導入

韓国陸軍の武装ヘリ導入は１９７６年の「ＭＤ－５００ディフェンダー」から始まる。その多くがＴＯＷ運用型であった。

韓国陸軍による攻撃ヘリ「コブラ」の導入は１９７８年、８機の「ＡＨ－１Ｊ」が最初だった。財政の壁があり、それ以上は「ディフェンダー」で所要を満たす他なかったが、89年から94年にかけては、62機の「ＡＨ－１Ｆ」（Ｓ型の改）を輸入することができた。ＴＯＷだけでなくヘルファイアも発射できる本格派である。しかし現在、「Ｆ」型の可動機はほとんど残っていないと見られる。

多用途武装ヘリの「Bo 105」が1999年から導入されているのは、韓国国内の航空産業に武装ヘリを開発するための力をつける学習用の機材として手頃であると目をつけられたのだろう。

米英軍によるイラク占領作戦の翌年の2004年、在韓米陸軍のアパッチ攻撃ヘリの総力である3個飛行大隊から、1個飛行大隊（24機）が中東へ抽出された。

イラクでの対ゲリラ戦が泥沼化していた事態に応じたものだった。在韓米軍部隊が他戦線に転用されたのは、これが最初である。

さらに2009年、残っていたアパッチ×2個飛行大隊のうち1個（24機）も、イラクやアフガニスタン戦線への梃子入れのために抽出された。

この戦力の穴を埋めるため、米本土からは、F－16戦闘機やA－10対地攻撃機がローテーションで飛来しては在韓米空軍を増強することになった。

と同時に、韓国陸軍じしんも「AH－64E」を調達して装備する流れが作られる。

2012年6月、在韓米軍司令官は、北朝鮮が中型（40～50人乗り）のホバークラフトを西海岸に130隻も隠しており、首都ソウルにも近い海岸線への奇襲を阻止するためには、「AH－64」はあと1個飛行大隊必要だとの認識を語った。つまり《韓国が24機ほど買って補完しなさい》と水を向けた格好である。

ホバークラフトが海岸に達着したところで、あとから弾薬の補給や重火器の支援が続かないならば、敵歩兵にできることは、あまり多くないだろう。しかし、その奇襲に同期して、38度線からの一斉南進（浸透）や、大量の地対地ミサイルの発射等が連動した場合、韓国経済が大混乱するであろうことだけは疑いない。

さりながら、北朝鮮の財政がとっくに破綻をしていて、軍用トラックを動かす燃料にすら事欠くようになっていることは、韓国側ではつぶさに把握できていたはずである。トラックよりも燃費の悪い戦車の大軍が南下してくる可能性など、2012年時点で、確実にゼロだった。

にもかかわらず2013年4月に韓国政府は、米国から「AH－64E」を調達する決定を下した。いちおうの当て馬としては、イタリアとトルコが合作した武装偵察ヘリ「T－129」と、ベル社の「AH－1Z　スーパーコブラ」も名前が挙げられていた。

アパッチの導入は2016年からを見込み、予算総額は1兆8000億ウォン（約1577億円）と見積もられた。韓国のメーカーKAIが機体の一部を国内生産することにもなった（後述）。

ボーイング社製の新品のAH－64Eは2016年から韓国陸軍に引き渡され始め、2018年6月時点では、36機が揃って可動状態である。

急増しているアメリカからのＦＭＳによる武器調達

じつはこの時期、米国のすべての軍需メーカーが、海外顧客からのＦＭＳの受注獲得に血眼になっていた。というのも２０１１年の「歳出管理法」いらい、国防費も天井を強制的にカットされてしまう（sequestration という）財政の異常事態が続いており、メーカーは当分、米軍向けの商売だけでは企業収益が激減するピンチに直面していたのだ。

だから２０１２年の在韓米軍司令官の発言も、《初めにアパッチ売り込みありき》の高等商人政治だった可能性を、疑ってよいだろう。そして韓国政府がその話に乗ったことを、われわれも嗤(わら)うことはできない。

韓国より1年早い２０１２年、日本の政権党だった当時の民主党の玄葉光一郎外相が唐突に《オスプレイを日本も保有すべきだ》と言い出し、何の議論も無いままに13年度防衛費に調査費８００万円が計上され、その時点でもう輸入が事実上の既定路線になってしまっている。

ベル社がオスプレイの試作1号機を１９８８年にテキサス州の工場からロールアウトしたとき、すでに冷戦は終わりかけていた。米陸軍も一向に興味を示さず、どうやって投資資金を回収するかがその後ずっと、関係者の大問題だった。

韓国のアパッチ輸入（米陸軍利権）と日本のオスプレイ輸入（米海兵隊利権）は、屏風の一対のような米国のＦＭＳ政策の成果だったのだろう。どちらも、受入国には必要不可欠とは言えない贅沢な特殊装備で価額は篦棒、喜ぶのは米メーカーと、そこに大きな顔で天下れる元「骨折り」将校たちだけだ——という構図が、似通っている。

米メーカーのロビイストは、米政府（国務省）にＦＭＳをどんどん認可しなさいとプレッシャーをかけた。軍需工場がある地元から選出されている議員たちも、全員がロビイストだ。米国がモノにした２００９年のＦＭＳ総額が３０４億ドルだったのに比し、２０１２年は６４０億ドル。また13年７月末時点で、ＦＭＳの成約件数は09年の２倍の32件だったという。そして２０１２年12月以降、13年７月末までのＦＭＳの売り上げ見込みは、２４００億ドル近かったそうだ。

韓国メーカーによる「アパッチＤ型」の胴体生産

ＫＡＩは、２００３年にボーイング社から技術を移転してもらって、アパッチＤ型の胴体を泗川（サチョン）の本社工場で製造し、04年４月からボ社へ納品するという関係を築いた。それは、韓国空軍がボーイング社の複座戦闘攻撃機「ストライクイーグル」（Ｆ－15Ｋ）を購入すると決めた大型商談の見返りの「オフセット条項」であった。

まずＦ－15Ｋから説明しよう。

韓国政府がストライクイーグルの「Ｋ」型（＝韓国型）の採用を決めたのは２００２年４月で、６月にボーイング社から40機を買う契約が結ばれている。最初の２機は２００５年10月に引き渡された。

Ｐ＆Ｗ社製エンジンが、サムスン・テックウィン社でライセンス製造されるなど、Ｆ－15Ｋの40％は韓国国内で製造され、組み立ての25％にもＫＡＩが関わる契約であった。

２００８年８月に40号機が引き渡されている。

08年４月、エンジンなどを更新した改良型のＦ－15Ｋ×21機が追加発注された。

その最初の６機は２０１０年中に納入され、最終号機が大邱（テーグ）の韓国空軍基地に引き渡されたのは12年４月である。

さて、２００２年のボーイング社との交渉で、韓国は、ストライクイーグルを買う見返りに、「アパッチＤ型」の機体の一部を韓国内で製造させろと要求。それが叶えられている。

２００４年から数年（several years）をかけて、とりあえず50個の胴体を製造してボーイング社に納める。ボーイング社は、それを世界中のバイヤーから受注した「アパッチＤ型」に組み付ける――ということになった。

念のために記せば、韓国軍じしんはアパッチのＤ型を導入しなかったので、このＫＡＩ製の胴体は、すべて、韓国軍ではないどこかの軍隊の「ＡＨ－64Ｄ」用に使われた。

その後の続報が見あたらないけれども、この事業は既に終了しているものと思われる。

ミリ波火器管制レーダーを備えた「アパッチ」は期待外れ商品？

２０１６年末、韓国陸軍は、Ｅ型アパッチによる実弾射撃訓練を初めて実施した。場所は、西海岸の洋上６㎞。８機のアパッチが、海上の標的をヘルファイアで１発ずつ撃ったという。Ｅ型から発射できる「ヘルファイア２」ミサイルは自重49㎏、筒径17・8センチ、弾頭重量９㎏（炸薬１㎏）で、最大射程８０００ｍまでは20秒弱で到達する。ざっと秒速４５０ｍだ。

射程８㎞強のヘルファイアを最大限に活用するためには、視程10㎞くらいの捜索センサーが欲しい。Ｄ／Ｅ型アパッチの場合、それは４機～６機に１機という割合で、メインローターのてっぺんに載せられるミリ波帯（Kaバンド、35ギガヘルツ）の火器管制レーダーだ。韓国軍が購入したアパッチだと、６機に１機の割合で装置されている。

カタログ上ではこのミリ波レーダーは、敵の戦車らしき目標を、夜間でも悪天候下でも自動的に探し出して、ディスプレイ上でクルーに教えてくれる。さらにその敵情データを、最大６機までの僚機にデジタル無線で分け与えてもやれるとされた。

しかし、この大きなレーダーは、システム重量が227kgもあって、さすがのアパッチのエンジンにも負荷をかけてしまう。高地であるため空気が薄い、アフガニスタンのような戦場では、ローターが揚力を稼ぐのが特に苦しくなる。だから米陸軍の航空隊は、アフガニスタンではせっかくのこのレーダーを、アパッチから外してしまった。それで別に問題もなかった。タリバンは、戦車に乗って米軍哨所を襲撃してくるわけではないからだ。

ならば、韓国軍の想定した脅威である、洋上の舟艇に対するミリ波レーダーによる探知や自動識別は、営業ビデオの通りに真価を発揮しているであろうか？

2017年11月までに韓国陸軍は、この高額なレーダーが、ほぼ無価値であることに気がつく。海上でアパッチのミリ波レーダーを作動させても、ホバークラフトを模した標的と、波からの乱反射（シー・クラッター）との区別すら、うまくできなかったという。1機あたり約50億円で、不良商品を摑まされた――と彼らは憤った。

米陸軍にとってすら、「アパッチ」は負担になっている

アメリカ海兵隊が「MV－22　オスプレイ」の維持費の負担と輸送機としての効率の悪さに音を上げて、18年に海兵隊予算で開発させた、できたての重輸送ヘリ「CH－53K　キングス

海兵隊が多量の弾薬を運ばねばならぬとき頼りにする重輸送ヘリの最新バージョンがCH-53K キングスタリオンだ。機首から空中受油用のプローブが突き出ている。（写真／シコルスキー社）

タリオン」に将来の期待を移しているように、米陸軍も、７００機以上抱えるアパッチの整理を考え始めている。

２０１６年4月に報じられたところでは、韓国に展開している米陸軍の州兵部隊が装備するアパッチには、毎年1億６５００万ドルのアップキープ費用がかかっているという。すなわち、交換部品代を含めた整備コストだ（ちなみに初期取得費は4億２００0万ドル強だったという）。

州兵部隊のアパッチから削減していくことが、米陸軍航空隊にとってのリストラ・イニシアチブになるそうだ。

そしてどうやら米陸軍は、固定翼の無人攻撃機である「ＭＱ－１Ｃ　グレイイーグル」を、「ＯＨ－58Ｄ　カイオワ・ウォリアー」（偵察ヘリだがヘルファイアも射てる。

在韓米陸軍が運用している機体が、米軍でまだ引退していない最後のカイオワとされる）の安価なリプレイスとしてだけでなく、将来のアパッチの部分的リプレイスとしても、考慮し始めているのではないかという兆候もある。

在日米軍海兵隊の「コブラ」

陸上自衛隊の戦闘ヘリを見る前には、どうしても、在日米軍として唯一有力な攻撃ヘリ飛行隊を日本国内に維持しているアメリカ海兵隊の近況についても、知っておく必要があるだろう。

ベトナム戦争末期の１９６８年に海兵隊は、陸軍用に完成したばかりのコブラに注目し、メーカーのベル社に、エンジンの双発化を中心とする独自の要求を出した。

これにベル社が応えてたちまち完成させたのが「ＡＨ－１Ｊ　シーコブラ」だった。１９７０年から引渡しがスタートし、75年までに69機が調達された（同じ型を韓国陸軍も８機買った）。

Ｊ型はＴＯＷミサイルを運用できない。そこで１９７６年からＴＯＷを発射できる改良型（ＡＨ－１Ｔ）の開発が進み、１９８５年に改めて「ＡＨ－１Ｗ」と命名されている。

Ｗ型の空虚重量は４９５３kg、巡航速度２２７km／時、航続距離５２０km、高度は４２７０ｍまで行ける（ホバリングは３７２０ｍまで）。

W型は90年代には、ヘルファイアも発射できるようになった。

２０１０年代の米海兵隊が主用する攻撃ヘリは、２０００年に初飛行した「ＡＨ－１Ｚ ヴァイパー」と呼ばれる型で、エンジンも電装品も刷新されて強化されている。

「Ｚ」は空虚重量５５８０kgと重くなったが、航続距離は６８５kmに延びた。戦闘行動半径は２３１km、巡航速力は２９６km／時である。

「Ｃ－１３０」輸送機改造の特殊部隊用ガンシップが搭載しているものと同じ、高解像度の暗視ビデオ装置が「Ｚ」にはついており、前後席のどちらにおいても、自由自在にズームして、無辜（むこ）住民かゲリラかの識別を何キロメートルも先から見極めることができる。

だから、ＭＡＮＰＡＤＳを隠し持った便衣のゲリラにうかつに近寄ってしまって、不覚をとるといったリスクが減る。

「アパッチＤ」型の機首の撮像センサー「アローヘッド」にはここまでの分解能は無かったので、米陸軍が中東の対ゲリラ戦で苦戦を余儀なくされたわけだ（ＲＯＥにより、かならず画像モニター上でゲリラたることを確認できてからでなくば、兵装使用の許可がおりない）。

「Ｚ」の武装はヘルファイアならば最大16発というからアパッチと比べて遜色が無い。対艦艇用の「ＡＧＭ－65 マヴェリック」ミサイルや、空対空ミサイルの「サイドワインダー」の搭載も選択できることは、「アパッチＤ」には無い長所である。

20ミリ機関砲の弾薬は７５０発まで積める。

機体各部に塩害の防蝕(ぼうしょく)が対策されていることは、強襲揚陸艦に載せて運ぶ艦載機である以上は、無論のことだ。

２０１８年４月に米国務省は、バーレーンへ「Z」型×12機のFMS売却を許可した。総額見積もりは9億１１００万ドルであった。納入は２０２２年中に完了するという。

以上、ようやく、あらましながら西側諸国の「攻撃ヘリ」採用事情の説明を了えられた。

第3章

なぜ自衛隊はAHに見切りをつけるべきか

日本国の地理を自覚しよう

ここより、わが国の戦闘へリ導入史を振り返ろう。

まず最初に、日本の国土（陸地）面積を、冷戦時代の旧「西ドイツ」の国土面積と比較しておく。

旧西ドイツの陸地面積24万8717平方キロメートルは、本州と四国を足した面積24万6743平方キロメートルより少し広い。

しかし北海道の陸地面積（北方領土を除く）と比べたならば、それは西ドイツの「三分の一」の広さであった。

また北海道の陸地面積（北方領土を除く）をイスラエルと比べれば、北海道はイスラエルの約3・8倍の広さがある。イスラエルの総面積は、だいたい四国をやや上回る程度なのだ。

おそらく北海道の専守防衛（対ソ）だけを考えようとするなら、西ドイツやイスラエルの実験や経験は、すこぶる参考に富むものであった。

ただし、群島国家である日本の領土・領海を、多方面同時に防衛することを計画しておかなければ危ういという時代には、そもそも本州から各最前線までが陸続きでないことや、ひとつの最前線の長さ、そして一方の最前線から他方の最前線までの距離に、旧西ドイツ領土の数倍におよぶ空間的な広がりがあることから考えて、西ドイツの防衛体制を安易に移植または模倣せんとする発想は、もはやほとんど合理的たり得なくなる。

２０００年代前半に中共が、そして２０１０年代後半に韓国が、相次いで日本の敵国に明瞭に昇格したことで、この地政学的な所与条件の急変が起きているのである。

陸上自衛隊の「コブラ」導入

１９７７年、陸自は初めて攻撃ヘリ「ＡＨ－１Ｓ」を試験評価用に輸入することを決めた（翌年、プラス1機追加輸入）。

前後して、陸上自衛隊、海上自衛隊、海上保安庁などでは「ＯＨ－６Ｄ」（ディフェンダーの母体機）が運用され始める。陸自はこの機種は非武装の偵察機とするのが適当だと評価した（川崎重工で1997年までライセンス生産し、ピーク時の陸自はD型とJ型あわせて１８９機を保有。現有数はその四分の一に満たず、２０２０年3月にて退役を見込むという）。

陸上自衛隊が、比較的安価に整備できる「ＯＨ－６」系も飛ばしてみた上で、やっぱり高性能な「ＡＨ－１Ｓ」の導入に決めた、この判断のタイミングは上々であった。

まず当時の日本周辺における有力な外敵は、ソ連邦しかなかった。極東ソ連軍は、千島列島から北海道（道東）を攻撃しようとしても後方兵站線の関係でとても無理がある。他方、将来「米ソ戦」になりそうな緊急時に、宗谷海峡を一時的に支配する目的で、樺太南部から北海道の宗谷・留萌・上川地方（すなわち道北）に対し少数部隊を送り出してコマンドー攪乱を仕掛けることは随意にできた（長期占領できるかどうかは別問題）。

したがって、道北から適宜の間合いがとれる道東「第5師団」管内にコブラの飛行隊を設けておけば、万一、ソ連軍が宗谷・留萌・上川のいずれかの海岸に舟艇による着上陸を試みたさいには、100㎞ほど空中機動していったん旭川〜名寄の線に展開。そこから敵軍の上陸海岸まで（たとえば名寄駐屯地から天塩海岸を叩くのならば80㎞ほど）往復して味方地上部隊に昼の間、CASを提供できるように準備しておくことによって、極東ソ連軍の作戦参謀に、とうてい橋頭堡を維持・拡大できそうな成案は得難いと信じさせてやることが、まず可能だ。

またもし極東ソ連軍が南樺太に輸送ヘリコプター、および沿海州に戦術輸送機を掻き集めて、道北の数カ所に空挺攪乱攻撃（とうぜんに礼文島や利尻島が含まれ、天売・焼尻島にも少人数の潜入は考えられる）を仕掛けた場合でも、わが「コブラ」と偵察ヘリを組み合わせた米陸軍式「サーチ&デストロイ」が、いちばん敏速な初動対応となるはずだった。

1982年、富士重工業でのライセンス国産がスタートし、コブラのクルーおよび整備員、ならびに運用幹部の教育サイクルが回りだした。

帯広第１対戦車ヘリコプター隊所属の AH-1 コブラ。米海兵隊のスーパーコブラとは違い、エンジンは１基。２枚のローターからはベトナム戦争時代の独特な音が響く。（写真／防衛省 HP）

やがて１９８６年、帯広駐屯地に「第1対戦車ヘリコプター隊」が創設される。同隊は、「AH−1S」×8機からなる飛行隊×2個から成る。輸送ヘリの「UH−1」のように師団の隷下に属するものではない。北部方面隊の直轄である。つまりは北海道には、帯広にしかAH部隊は置かれない。その16機で、北海道の全師団（第2、第5、第7、第12師団）にCASを提供するわけだ。

米語の「アタック・ヘリコプター」を「対戦車ヘリコプター」と訳したのには、西ドイツ軍の「PAH」という名辞がヒントにされたかもしれぬことは、先に触れた通りだ。

米語を直訳して「攻撃ヘリコプター」と名乗っては、当時の野党と左傾マスコミが黙っていなかったであろう。

陸上自衛隊の対戦車ヘリコプター隊は、AHだけで構成されるものではなく、必ず、観測ヘリ

（OH－6。帯広だけは後に国産のOH－1）を揃えた「本部付隊」が基地に同居して、偵察の眼を提供した。

往々、陸上自衛隊の主要正面装備は、列強の最先端の軍備に、設計思想や運用思想や編制の内実が10年以上も後落しがちで、具眼の士は、そのようなものをあてがわれていながらも健気に訓練する同胞隊員に、ひそかな同情を禁じ得なかった。しかし、この「AH－1S」は異例にも、《ソ連の脅威には西側が一致協力して対抗しよう》との時のレーガン政権の構想を、木霊（こだま）が響くようなスピードで支持したクリーンヒットであった。

自衛隊の実戦に役立ちそうな良い買い物であっただけではない。その調達～部隊新編～部隊配備の「スピード感」が、ソ連軍の参謀部の頭を冷やして慎重にさせる、国際政治上の抜群の抑止効果を発揮した。

もしもソ連の方から開戦したなら、国後島までは自衛隊のヘリボーンで雑作もなく「武力回収」されてしまうことも、ソ連側は察し得た（戦後生まれの日本の外交官たちには、この機微が分からない）。

当時の米軍は、《もしソ連がヨーロッパで事を起こせば、オホーツク海でソ連軍を打撃する》という壮大なグローバル戦略を練っているところだった。その迫力が増したことも、言うまでもなかろう。

1988年には、青森県の八戸駐屯地に「第2対戦車ヘリコプター隊」が置かれた。これは

小型観測ヘリ OH-6 は世界的なベストセラー。韓国軍はこの武装型である MD-500ディフェンダーを購入した。（写真／防衛省 HP）

東北方面航空隊の隷下であるが、第1対戦車ヘリ隊が有事に消耗させられたときは、その後詰めとなる位置だ。

1990年には、佐賀県の目達原（めたばる）に「第3対戦車ヘリコプター隊」が新編される。《第2次朝鮮戦争》にいちおう備えた位置と言えよう。

1992年には、千葉県の木更津駐屯地に「第4対戦車ヘリコプター隊」が開かれた。

防衛庁はなにも、東京湾や関東平野で対機甲戦闘が起きると考えていたわけではない。東部方面隊にもCAS部隊が付属していなければ、有事のさいに他方面への後詰めとして出動するときに困るからである。

1994年、三重県の明野駐屯地に、最後の「第5対戦車ヘリコプター隊」（「総予備」といった位置付け）が誕生したときは、「米ソ冷戦」は完全に終わっていた。

しかし部隊には定数というものがあるので、ＡＨ－１Ｓのライセンス生産は、西暦２０００年に最終号機が引き渡されて、計画通りに装備定数が満たされるまで続いた。結局、陸自の総調達数は90機だった。

直後の２００１年に、陸自が「ＡＨ－64Ｄ」の導入を決めている。それまでコブラをライセンス生産していた富士重工の潜在力（すくなくとも整備力）を消失させぬためには、都合よいタイミングだっただろう。

が、不思議にも看過された問題は、アパッチＤ型そのままでは、南西諸島方面での「対支」島嶼防衛作戦の遂行は、とてもおぼつかぬことだった。

たとえば三菱重工が沖縄の陸自向けに生産した「ＵＨ－60　ブラックホーク」に、不時着水時の沈没時間を稼げるフロートが特設されたような部分改造は、すくなくとも、欠かせないはずだった。

しかるに、そうした離島作戦向きの「特注」に関し、なんら討議されることはなく、陸続き戦場での対機甲戦闘に特化している「Ｄ型」そのままでのライセンス生産の話がメーカー主導で漫然と進んだというのは、当時の陸幕にも統幕にも内局にも、「対支戦争」や「対韓戦争」の着眼は存在しないに等しかった事実を物語っていないだろうか。

富士重工が駆け足で「ライセンス生産」（機体に関してはほぼノックダウン製造）を開始したせっかくの「Ｄ型」は、南西離島方面での作戦任務に投入することが最初からまるで考慮されて

かつて陸自のAH-1はTOWの他にクラスター弾頭の70mmロケット弾を搭載した。子弾は成形炸薬なので装甲車の天板を穿貫できた。陸自はクラスター弾と対人地雷を廃棄している。（写真／兵頭二十八）

いなかった。まさにそのゆえに、わずか13機で調達は停止される。

この時機に、国防のプロたちが、まじめに次の脅威についての研究をしていなかったツケを、日本は支払わされている。

防衛省・自衛隊では、ソ連崩壊後のじぶんたちの国を、いかなる地政学環境の変転がとりまくのか、それに対処できるような戦術と編制と装備と訓練はいかなるものであり得るか、透徹した考察をしないで済ませていた。「アパッチD型」をめぐる不祥事は、ポスト冷戦初期に日本の関係組織全体を瀰漫（びまん）した、サラリーマン的「非《自主》志向」の転帰に他なるまい。

地政学的な理由からロシアが絶対に手放すはずのない「択捉島」にこだわり続けた挙句、ボリス・エリツィンがロシアの大統領であった貴重な9年間（1991〜99年）に「北方領土」交渉をまとめることをみすみすしくじった日本政府は、その失敗要因にもまるで気づくことなく、一層の逆効果でしかない宥和的な経済協力をロシア側へ提案し続けて、後継者のウラジーミル・プーチン（2000年5月以降、一貫してロシアの最高実力者）をして日本をあなどらせた。防衛庁（07年から省）もこの潮流に付き合い、2004年に道東の「第5師団」を、スケールのより小さな「旅団」へ縮小した。

AH戦力は方面直轄だから、第1対戦車ヘリコプター隊の装備定数こそ変わりはなかったものの、「旅団」化で低下した道東からの「圧力」を他の措置（たとえば旅団隷下の第5飛行隊の偵察用・輸送用ヘリコプターの機種構成の変更等）で補強もしなかったことは、《もはや日本には1島も返す必要はなくなったのだ》と、ロシア人をしてますます信じさせたであろう。

2009年、八戸の「第2対戦車ヘリコプター隊」のAH定数は半減され、日本からの《北方を軽視しますよ》的メッセージは、これでもかと、あけひろげに発信され続けている。

2018年度の『防衛白書』によれば、現在の陸自の「AH－1S」の保有数は56機だそうだ。

調達打ち切りで富士重工が訴え出た日本の「アパッチ」

防衛庁は2001年8月までに、「AH－64D　アパッチ・ロングボウ　ブロック2」を整備する方針を決めている。最初のアパッチ×2機分の調達予算がついたのは「2002年度予算」であったが、そうした予算を要求して通すためには、部内で前年の夏頃までに計画がしっかり固まっている（そうでなければ、各方面が困ってしまう）。

90機買ったコブラの後継だから80機は調達するのだ——といった話も外野に伝わっていたけれども、富士重工業としては、ある時点で陸幕から62機の製造が約束された、と理解をした模様である。興味深いことに、「官」と「民」（産業）のあいだに契約文書はおろか、覚書の類すら、作成はされなかった。

南西諸島近海での離島作戦は関係者によって一切顧慮されないで、忽卒（こっそつ）にライセンス国産の話だけが前に進んだ。富士重工のラインの維持の必要性は、大いに配意された。

ではこの時期の日本周辺海域はどうなっていたのか？

中共が「領海法」で尖閣の領有を明記したのは1992年2月である。

1996年10月、台湾人と香港人が尖閣諸島の魚釣島に不法上陸し、中共旗などを掲げている。

2001年4月には、米海軍の電波収集機が中共戦闘機に空中で接触される重大事件が生起した。

中共が主敵となる「新冷戦」は、東シナ海と南シナ海において、とっくに開幕していたのだ。しかし、そこに他省庁よりも早く意識的になり、敵に先んじられぬように対抗策を着実に講じていかなくてはならぬはずの防衛庁（07年から省）が、その仕事をしていなかった。すくなくとも陸自の航空隊周辺者は、無頓着であった。

「AH－64D」のライセンス生産は2002年から始まった。しかし総調達機数は予算の関係で逐次に減らされ、ついに2007年度に至って13機目で打ち止めにされる。

陸自の末端飛行隊への導入は2006年から始まったばかりなのに、いきなり、「AH－1S」の機種更新は、頓挫したのだ。

その後、富士重工業は2009年9月、防衛大臣宛てに、四百数十億円の支払いを求める文書を提出し、民事訴訟が始まると報じられた。

当時の報道によれば、その金額はライセンス料として富士重工からボーイング社へ支払ったもので、それを62機の納品単価に按分して上乗せして取り戻すという事業計画が狂い、回収不能になったから補償してもらいたいという話だった。

陸上自衛隊で採用したAH-64D ロングボウ。現有機の有効活用法が模索されているらしい。（写真／防衛省HP）

仮に460億円だったとするなら1機あたりに7・4億円、仮に490億円だったとすれば7・9億円くらいか。それが上乗せされての、納入単価が83億円前後だったことになろうか。

しかしもし490億円を13機で按分するなら、1機につき37・7億円くらいを上乗せするしかない。1機の納入価額はその場合、83億ではなく110億円にもなるだろう。

じっさいには、07年度予算で調達する最後の1機に350億円の残額ぜんぶを上乗せするしかなくなり、いくらなんでもそれ（1機400億円超の旧モデルヘリコプター納入）を目立たぬように会計処理する名案など出るわけがなくて、《公開裁判で債権債務関係を確定》という窮余の道が選ばれたのだろう。

この分野に関心のあるいろいろな部外者たちが疑問を抱いた。

もしも62機の計画通りに導入が進んだとして、83億円の単価は、韓国軍のE型の単価約50億円、英国が独自に改造したD型の単価60億円より、かなり高い。事実上のノックダウン生産であったとしたなら、なぜそんなにも高額になることをよしとしたのか？　それについて国民を首肯させる説明は、防衛庁／省からは、無かった。

当時の日本国内では放映されていないと思われるけれども、２００６年に米国で、ボーイング社のアパッチ工場の最終組立工程を仔細に紹介したテレビ番組が制作されている。筆者は偶然に本稿を執筆中の２０１９年2月にケーブルＴＶでそれを初めて視たのだが、無数のリベット打ち作業は無論のこと、後半の結線作業だけであったとしても、たいへんな「マン×アワー」が必要であることが呑み込めた。また部品点数の多さにも圧倒される。それらの部品の一部でも米国から取り寄せねばならない、括弧付きの《ライセンス生産》は、運用部隊を整備未完状態で長く待たせるであろうことは必至だと想像ができた。いったいそれは忍ぶのが当然のデメリットなのかと、当時、録画を入手して感じた官僚が居たことだろう。

加えて、この高額装備は最初から、島嶼防衛の役に立たないものだったのである。筆者（兵頭）は、13機で調達を打ち切った唯一の理由がそこであっても筋は通ると思う者だ。

最高裁判所は２０１５年12月に国の上告を退け、２審の高裁判決の通りに、富士重工業は約

３５０億円の支払いを国から受けられることが決まった。

このとき、いろいろな解説を目にしたけれども、どれを読んでもモヤモヤ感が晴れなかった。ボーイング社が「Ｄ型ブロック２」の製造を止め、「Ｅ型」に部品ラインを変更することになった──という説明は、正確なのだろう。

もし富士重工が、単に日本国内でＤ型のノックダウンをしていただけならば、ボーイング社から供給されて来る部品がＥ型に変わるだけで、問題は小さいような気もする。

しかし、エンジンが困ったことになる。Ｄ型のエンジンは日本国内ではＩＨＩがライセンス生産した。ところがＥ型は、Ｄ型以前とはエンジンも変わってしまうのだ。するとＥ型へのアップグレードによりＩＨＩの設備投資はサンクコストになってしまう。Ｅ型の操縦ソフトウェアは、Ｅ型のエンジンを前提に組まれているはずだからだ。

誰もそれを予見しなかったのだろうか？　そこが分からない。

富士重工がＤ型の機体の全部品を素材から内製化していたのなら、ボ社がＥ型にモデルチェンジしても、急に困ることはなかったのだ。ガラパゴス覚悟でわが国だけで一定数のＤ型を量産してしまうという選択も考えられただろう。

しかし、中途半端な、括弧付きの《ライセンス生産》であったがゆえに、ニッチもサッチもいかなくなった。

有事に、重要なスペアパーツがすぐに入手できなくて往生するようなピンチを回避できる

——というのが、防衛装備をライセンス生産することの軍事的なメリットのはずであった。

ところが、本件のように、なまじいに一部パーツだけを国内で製作した《ライセンス生産》であると、米国の開発元メーカーがモデルチェンジをして、日本側の国産部品と米国から供給される新部品とのマッチングが成り立たなくなった場合のリスクが、大きいのだろう。

ボーイング社と取り交わされたライセンス契約の中身を含め、本件の背後にある事情の詳細はごく一部しか情報公開がされていないため、これ以上の詮索もできない。


再び、当時の日中関係を振り返ろう。

2004年1月、中共の漁民の「抗議船」が尖閣近傍に石碑20個を投入した。

同年3月、中共の工作部隊7人が魚釣島に上陸して、日本の警察に逮捕されている。

11月、中共の原潜が宮古島周縁の日本の領海を侵犯。大騒ぎになった。

12月、翌2005年から5年間程度の国防国策を示す「防衛計画の大綱」と、09年度までの「中期防衛力整備計画」が、閣議決定された。

この大綱によって、帯広の「第5師団」の旅団化（縮小）と、沖縄「第1混成団」の旅団化（充実）等が決まったのである。中共が、ロシアに代わる新脅威であることは、すくなくも陸幕内の「普通科」の幹部たちには、あたりまえのことと捉えられていた。

他方、AHの関係部局は、分裂症状を覗かせる。大綱は「冷戦型の対機甲戦」に備えた装備はもはや必要が低下しているとしながらも、「島嶼部に対する侵略への対応」のために「戦闘ヘリコプター（AH－60D）」を整備すると謳い、「別表」には、その整備規模を09年度までに「7機」と掲げた。しかし富士重工製のD型にも、既存のコブラにも、洋上航法のための基本器材がついておらず、AH装備部隊は九州と離島の間の長距離洋上航法の訓練もしていないのであるから、もし野党内に儒教圏からの籠絡工作には免疫を有する切れ者がいたなら、そのスローガンと実態の不一致を衝いただろう。

翌2005年4月、北京に組織的な反日デモが起こり、日本大使館がさんざんに投石されるまで首都警察は外交公館警備の国際的義務を放棄した。すべて中共中央の作為であり指令なのが自明だった。

この年は国連開設60周年だというので、わが外務省は機構改革に期待を寄せていた。なんと日本外務省は、日本が国連の安全保障理事会の常任理事国（P5）に加えてもらえるのではないかと、大真面目で妄想していた。米英露仏にしても本音はどうだか分からないが、少なくもシナ人だけは絶対にそれに賛同するわけがないだろうという、儒教圏人の強烈な序列意識（対等の他者は決して認めない）についての常識レベルのセンスすら、日本の外交官たちは持ち合わせていなかった。

2007年11月には、米海軍の空母『キティホーク』が、前々から予定していた香港訪問を中共当局からドタキャンされ、怒った米海軍は台湾海峡を示威通航して横須賀まで戻って来ている。

2008年4月には、夏開催予定の北京五輪の聖火リレーが長野市（98年冬季大会開催地）にさしかかり、チベット旗等を掲げた反中共抗議集団と、中共が動員した在日工作隊グループとの間で険悪な空気が醸成された。

12月8日、「中國海監」（当時は国家海洋局所属）の公船×2隻が尖閣の日本領海に初侵入し、9時間徘徊して海中を調査した。

12月20日、「中期防（平成17年度〜平成21年度）」の見直しが閣議決定された。アパッチの整備規模は4機に縮減され、なぜか、南西方面輸送等で最も役に立つはずの大型ヘリ「CH－47チヌーク」までも、04年12月閣議決定の「別表」で11機を整備するとしていたものが9機に減らされてしまう。

2009年3月になると、今やすっかり有名になった中共の「海上民兵」が、米海軍が雇っている海中音響伝播特性調査船の前路を妨害するという、イヤガラセに出てきた。

そして12月には、中共は「島嶼保護法」によって尖閣を国有地だと宣言する。

航空自衛隊はこの09年、中期防の計画通りに、百里から「第204飛行隊」を那覇へ移駐せしめ、沖縄本島からのスクランブルに空自の「F－15」戦闘機が出動できるようにした（築城基地の「第304飛行隊」も那覇に移駐して沖縄のF－15戦力を倍増するのは2016年）。

2010年になると中共海軍が沖ノ鳥島近海で演習し、監視に当たった海上自衛艦に艦載へ

P-1哨戒機は韓国軍艦から武器照準レーダーを意図的に照射される等のイヤガラセをものともせず、韓国政府による国連決議違反の北朝鮮援助を暴く。
（写真／かのよしのり）

リ（直９）が異常接近して威嚇。また海自のＰ－３Ｃ哨戒機に艦載速射砲を指向するなどの挑発行為を繰り返した。

９月には挑発がさらにエスカレート。雇われ漁船船長が尖閣沖までやってきて海上保安庁の巡視船に体当たりを仕掛けてきた。この船長を逮捕したことに対し、北京政府は大規模な官製反日デモで応ずる。ハイブリッドカーやスマホの充電池製造に不可欠なリチウムの対日輸出をストップするなどの厭がらせにも励んだ。

また統計によれば同年の中共のＧＤＰは戦後初めて日本を追い越し、シナ大陸には好戦気分が漲（みなぎ）っているように見えた。

２０１１年になっても中共の侵略策動は続き、８月には初めて「漁政」に属する公船×２隻が尖閣領海を侵犯した。

２０１２年１月には『人民日報』が尖閣を「核心的利益」と表現して、ゲームの賭け金をつり上げてきた。

しかし野田内閣は９月に尖閣諸島を国有化する。もちろん数カ月前から米国国務省と相談していた。

10月、米海兵隊が普天間基地に「MV－22　オスプレイ」を12機配備し、マスコミを騒がせる。

するとと11月に森本敏防衛大臣は省内に対して、同じオスプレイを自衛隊も調達するから調査費を要求しろと指示を出した。もちろん、外務省・米国とは、もっと早くから調整されていたのだ。

だから年末に衆院が解散され、第二次安倍内閣が成立するや、2014年度予算に、オスプレイを陸上自衛隊に配備するための調査費として1億円が計上され、その導入目標は2015年度と、とんとん拍子に話が前進するのである。

ここまでの経緯から想像が可能になることは、ポスト冷戦初期からの陸幕の航空関係部局に、わが国が渦中にある地政学的環境変遷についての見識がなさすぎ、それがひいては国内企業の都合のため長期にわたって島嶼防衛に不可欠な陸自用の航空装備を充実できなくしている構造に業を煮やした米海兵隊・米海軍・米空軍サイドが、近未来の自衛隊を対支戦争の有力な駒に育てるプログラムの押し売りに遂に乗り出したということではないのだろうか？

「MV－22　オスプレイ」を陸自が導入することになったのは、陸自の側にどうしてもそれが必要だったからではない。

佐賀空港から、魚釣島の西端までの最短距離を測ると、1059㎞もある。目達原駐屯地から測れば1080㎞で、いっそう遠い。

ドック型揚陸艦からMV-22を敵岸へ先行せしめ、LCM×2隻とLCU×1隻が続く。2018年ノルウェーでの米海兵隊演習。（写真／USMC）

鹿児島県の馬毛島の北端から測っても、魚釣島の西端までは916kmあるのだ。

これに対して「MV−22」の作戦半径は、メーカーのボーイング社の公式HPによれば「428ノーティカルマイル＝792km」、沖縄海兵隊の公報ページでは「325ノーティカルマイル＝602km、1回空中給油をすれば600ノーティカルマイル＝1111km」だ。

つまり海兵隊型のオスプレイは、配備先に目されている佐賀空港も含め、九州

CH-47J は航続540㎞だが CH-47JA は航続1040㎞ なので竹島まで数十人の武装兵を送り届けて戻ることが可能。それを護衛できるのはスーパーツカノだけかもしれない。（写真／I.M.）

本土からでは、尖閣まで途中無給油で往復することはできない。

九州を飛び立ち、いったん沖縄本島や下地島等に着陸して、そこで燃料が補給できることをあてにしてよいのであるのなら、すでに国内企業の川崎重工が部品のほとんどを製造できている「CH－47JA　チヌーク」（55人の兵隊を乗せて片道1000㎞飛べる）の方が、多数の兵隊と弾薬を全国じゅうから拾い上げて一挙に先島群島まで集中させることが可能で、整備体制も全国規模で整っており、重宝だ。

米海兵隊のスーパーコブラ（AH－1W）には空中受油システムはついていないが、その代わりに「重ヘリコプター飛行中隊」が運用する、シコルスキー社製の「CH－53D　シースタリオン」（ローターは単軸ながらエンジンは3基搭載）によって、急速着陸給油（rapid ground refueling）

米海兵隊の空中給油機兼用の戦術輸送機 KC-130T がルーマニア陸軍の空挺隊員を乗せる。（写真／USMC）

をする方式が、ベトナム戦争中から洗練されてきた。簡単に言うと、2400ガロン入る巨大なボックス状タンクを荷室に積んだシースタリオンが、任意の小島かどこかの地上にて、後部ランプドアからホースを延ばし、同時に2機までのスーパーコブラに燃料を圧送してやる。1機の地上給油に要する時間は、空中給油よりもずっと短くて済む。このボックス状タンクはキットになっており、オスプレイにすらも搭載可能なので、チヌークの荷室に載せ、チヌーク同士で陸上給油させたってよいわけである。作戦中に燃料が不足して南西諸島のどこかに不時着することになっても、これがあれば心強い。

もしも特殊部隊等による反撃の奇襲性（スピード）を最重要視したいのであるならば、ターボプロップ4発の固定翼輸送機「C－130」から空挺隊員を海面へ降下させ、一緒にゴムボートも投下してやった方が、途中の気象（悪天候や積乱雲）にさまたげられる率が低く、はるかに迅速で確実だ。

取得費が高額であるだけでなく、エンジン部品の発注が次から次に必要でメンテナンスコストが嵩むオスプレイを無理して調達する必要は、陸自にはなかった。

なお、ライセンス国産こそしていないが、富士重工業は、木更津駐屯地「K格納庫」内でのオスプレイの整備作業によって収益を得ることができている。

第4章

陸自の「軽空軍化」で日韓戦争に備えよ
——「スーパーツカノ」を中心に

陸自の航空部隊の位置づけを再確認する

現在および近い将来、わが国が直面するであろう国防上の困難は、次のように整理（単純化）できる。

筆頭は、儒教圏（シナ大陸と朝鮮半島）からの同時的もしくは交互的な攻撃ならびに執拗な間接侵略工作である。特に中華人民共和国と韓国が、日本海と東シナ海で同期的に、対日攻撃・資源強奪／窃盗・破壊テロ・イヤガラセを仕掛けてくる蓋然性が高い。

シナ大陸王朝が半島政権を「手先」化すべく取り込もうとする政治は古来、地政学的に自然な構図なので、ホワイトハウスが意識しているかどうかはともかく米軍が韓国に駐留を続ける意味は、その工作を成就させぬことにあった。その重しが外れてしまった場合にどうなるかを、われわれは今から想定しなければならない（米軍がその危機にどう関わることになるかは第1章で論じた）。

あらかじめ念を押すと、対日戦の結果、もしくは対日戦と無関係に、中共政体・北朝鮮政体・南朝鮮政体が将来崩壊することがあっても、儒教圏発の対日害意は決して消えてなくなることはない。それが極東地政学の不易（ふえき）の構造だからだ。

人間集団の宗教的ビヘイビアは、地理によって半ば規定されている。彼らが大陸と半島から切り離されるようなことが起きぬかぎりは、いつでも幾度でも儒教圏人は日本の敵勢力に復帰する――と覚悟を固めていない政治家は、わが国の安全を誤まることになるだろう。

陸上自衛隊の主要な戦力単位は、現在位置がどこであっても、対韓国正面と、対中共正面、さらには対ロシア正面のいずれに対しても迅速に集中・転進ができるような、八面六臂の戦略的融通性を具備せねばならない。「全縦深展開力」が求められている。

重すぎるため、中型輸送機（Ｃ－１３０）や大型ヘリ（ＣＨ－47）で空輸できず、水上自航もできないような機甲装備……。

射程が短くて最前線の島嶼まで火制できないような砲兵（特科）装備……。

はたまた、北海道から先島群島まで自由自在に移動・集中することができないような航空装備は、これからの陸自内に存在することは許されないであろう。

敵よりも少ない人数で、敵よりも広い正面を防衛することを強いられる陸自は、ひとりひとりの将兵のパフォーマンスを、従来の何割増しにも高めていかないと、わが国民の負託に応えることはできない。「人員とユニット（部隊）の高機能化」が、火急の要請である。

貴重な人員を無駄に遊ばせておくに等しい、相対的に「機能」の低い部隊・装備を、予備的な意味でも後生大事に抱え持って整備する余裕は、主に「人的資源（＝賃金）」上の制約から、急速に日本国にはなくなる。

その背景をなしている、わが国がもう直面しているひとつの大難題が、「わが国の労働力人口が逓減する趨勢」だ。

「若い人的戦力」のプールは逐次に小さくなる一方である。そしてこの容易ならざる潮流は、もう決して逆転しないのだ。

かかる条件の下では、日本国籍を有する若くて優秀な人材は、すべての事業体による奪い合いの対象となり、どの組織も、質と量の同時確保はできなくなる。

ゆえに、世の中が今後いかほど不況となろうとも、自衛隊に以前よりも優秀な人材がいっぱい集まってくるような時代は、二度とやっては来ない（ただし女子は未知数）。

男子の隊員募集は確実に、今年よりも来年、来年よりも再来年が、ますます苦しく難しくなるのだ。

もし自衛隊が漫然と、旧来の延長に等しい組織であり続けようとするならば――すなわち職業としての魅力が大いに増さぬならば――幹部（将校）も下士官も兵も、総体で質が下がって行くだろう。「自分もその一員になりたい」と若い人に思わせるような職場に変えることなしに、人数を揃えようとすれば、かつてなかったほどの素質不良の人員が、全部隊を満たすようになるだろう。

「少子高齢化」は敵方の儒教圏でも昂進する（北朝鮮のみは、少子化かつ短命）。ということは、今後、彼らの若い世代がどのような親日感情を抱くとしても数の上ではあくまでマイノリティにとどまって、これから先、数十年間は、反日教育を信じた旧世代が社会の絶対多数者の声として、大いに政府の反日外交を後押しすることになるはずだ。

「高機能」のファクターは「航続力・分散と集中の融通性・整備性」

機材・人員数に限りのある航空自衛隊に手の回りかねる、低空域でのきめ細かなＣＡＳ任務は、そこが絶海の離島であろうとも、陸自が主体となって担任できなければならない。

空自の高性能戦闘機はネットワークセントリックなハイテクソフトウェアの密集体であるだけに、敵陣営からの巧妙なサイバー奇襲等によって一時に全機が機能不全を起こす事態（飛べなくなるというレベルから、ＣＡＳのみできなくなるといったレベルまで）も突発し得る。

万一そのような懸念が現実となってしまったときに、陸自の航空部隊が低層域限定ではあってもエアカバーの一助たり得るだけの勢力を全国規模で保持していることは、靭強な国防態勢を裏打ちし、ゆるぎない抑止力の担保になる。

同様、ユニット数が限られた海上自衛隊ではカバーをし切れない近海での対艦攻撃、機雷敷設ミッション、沿岸哨戒活動等も、陸自が立体的／常続的に手伝えることが、まもなく喫緊の要請となるだろう。日本本土防衛の「戦闘陣地前縁」は海岸ではなく沖合はるかに在り、そこで「プラスの圧力」を保てぬようなら、敵の浸透圧に負けてしまう。陸自が陸に引っ込んでいてはもうダメなのだ。

だから総合安全保障の見地からは、海上保安庁の海賊取締り等を掩護する機能も、比較して人員の多い陸自が随時柔軟に提供できるように、準備と研究だけは済ませておくべきであろう。

離島でCASを実行するためには、陸自航空部隊の装備機材が、十分な航続力を持っていないことには、そもそも話にならない。

本土と離島間、離島と離島間を、自由に行き来ができないような航空機材では、せっかく整備・訓練したユニットが有事にまるごと「遊兵」（戦闘には位置的に貢献ができない兵力）と化すしかない。これは、離島まで射程が届かぬ特科火力でも、同様だ。

対儒教圏の《3国同時事態》を想定せねばならなくなった今日、遊兵化が必然的に見込まれるようなユニットは、焦眉（しょうび）の主権防衛の役に立ってくれないので、廃止（装備品をフィリピン等へ無償譲渡）すべきである。

前章でも確かめたが、鹿児島県の馬毛島から測っても、魚釣島までは916㎞ぐらいもある。佐賀県の目達原駐屯地からだと1080㎞ほどだ。

佐賀空港から波照間島までだと1197㎞ほど。与那国島までなら1206㎞はある。

誘導爆弾のような兵装を搭載した重さで、高空巡航→低空接近攻撃→高空避退のパターンで往復して来られる「戦闘行動半径」（Combat radius。これに対して片道航続距離のことはカタログでrangeと書かれている）が１０００㎞を超えるような回転翼機は、オスプレイやチヌークを含めても、存在しない。否、固定翼ジェット戦闘機でも、めったに無い。

だからこそ、これからの陸自のＣＡＳ機材としては、比較的に軽量な、ターボプロップの固定翼機「ライトアタック」を充当するしかないのだ。

固定翼機は、大きな主翼が揚力を稼ぎ出してくれるので、ヘリコプターよりも軽量・低出力なエンジンでも、より遠くへ進出することができる。

さらに、同じペイロードを同じ目的地まで運ぶ場合、ターボプロップ固定翼機の燃費は、小型ジェット機（ターボファンエンジン）よりも優れている。

「ライトアタック」の空荷自重が３トン台と軽量であることは、利用できる滑走路の選択が一層増えることも意味する。南西諸島の民間飛行場の滑走路脇の誘導路や、本来は飛行場ではない「直線道路」ですらも、有事に臨時に滑走路として利用できるだろう。「分散と集中の融通性」が、十分に期待できるのだ。

そして軍用ヘリコプターと比べて、ターボプロップ単発機の「整備性」は数段、簡便である（後で説明する）。

空間的相場値と航空兵器——現代地政学の重要前提条件

ここで現代戦史を振り返る。

そもそも第一次世界大戦（1914〜18年）の経過が、各国の軍と政府首脳をして、もはや地上作戦も洋上作戦も、新兵器たる航空兵器との連携なしにはほとんど考え難い時代が到来したことを実感せしめた。

そこで各国の陸海軍は、両大戦間期（1919〜38年）を通じ、想定する未来戦場の「距離感」に合わせて、めいめい最適の航空戦力を模索した。

第二次大戦の開幕前後から、その航空兵備の体系ならびに運用構想の、殊に「距離感」に関わる見通しが、結果として「大当たり」をした国軍と、そうでなかった国軍との明暗が、分かれだす。

航続距離は短くてもよいから、機敏な「一撃離脱」式空戦に特化した単発単座の高速戦闘機が、隣国のポーランド軍やフランス軍よりも多数あれば、ヨーロッパを征服するのは夢ではない——と考えたのが、再軍備宣言したドイツの空軍だった。

彼らの「読み」は当たり、ポーランド以西の欧州大陸諸国は、スペイン内戦（1936〜39

年）後半から整備が進んだドイツ軍新鋭戦闘機（液冷単発・単座の「メッサーシュミットBf109」）の威力の前にたじたじとなって、39年から40年にかけ、中立国・同盟国を除くといずれもドイツの軍門に下るしかなくなった。

ひとり英国は、ドイツ空軍の単発単座戦闘機の航続力が短かくて英国上空では数分間しか空戦ができないことや、米国から必要な航空兵器資材や高性能油脂類を調達できたことに助けられ、自国本土上空での防空戦闘を優勢に継続することができた。

日本陸軍は、極東ソ連軍の爆撃機の脅威を重視した。そして1931年以降、独自に、北部満洲国境の少し向こう側にあるソ連軍の航空基地を制圧するのに特化した航空戦力体系を組み立てた。

1936年に試作された、空冷単発エンジンで単座の陸軍「九七式戦闘機」は、ソ連製の空冷単発単座戦闘機を撃攘（げきじょう）できる空戦性能を有することを、1939年のノモンハン事件で証明できた。

が、その航続距離825km、行動半径370kmをもってしては、1940年後半から大本営が研究し始めた、インドシナ半島南部の飛行場から飛び立っての、マレー半島上陸部隊の掩護任務には、不足であることは自明だった（上陸予定地点のシンゴラ海岸までおよそ550km、バタニー海岸までは480km）。

そこで日本陸軍は急遽、増槽なしで1146kmの航続力を発揮できる「一式戦闘機（隼）」

を採用し、41年末のマレー侵攻作戦を成功させた。

いったんマレー半島内の既存飛行場をいくつか確保してしまえば、あとは、英軍やオランダ軍が点々と造成してくれていた飛行場を近場からひとつひとつ奪って前進することが可能で、航続性能では劣る「二式戦闘機（鍾馗）」その他の単発機も問題なく活用できた。

こうやって日本陸軍は開戦半年にして、西はビルマから東はニューギニアまでの広大な地域を、常に有利な航空掩護（エアカバー）と直協（ＣＡＳ）を受けながら、占領し得たのである。

概括するなら、味方陸上航空戦力の密接な支援が得られない過大な遠距離への躍進的な兵力投入を、開戦奇襲上陸のただ一回を除いては自制したことが、日本陸軍の緒戦での連戦連勝を確実たらしめた。

これほど重大な戦訓の要点を、ポスト冷戦期の陸上自衛隊は忘れたかに見えるため、以上いささか駄文を呈し、一般読者とともに思い出してもらった次第だ。

長距離航空部隊を陸自の主力兵科に

敵国のように無限に兵隊の数は集められず、質の良い隊員もますます貴重になる陸上自衛隊に、一朝事に臨んで「一騎当千」の働きを期待したいのならば、陸自に「単発ターボプロップ

川崎重工が意欲的にチャレンジしたOH-1は運用者側の期待水準に及ばなかった。スティンガー空対空ミサイルが搭載できる仕様である。（写真／防衛省HP）

固定翼軽攻撃機」のユニットを新編し、その陣容を数百機規模に整備するしかない――と筆者（兵頭）は考える。

かつて「ＯＨ－１」という複座の偵察ヘリ（自衛用の空対空ミサイルを搭載）が川崎重工によって開発され、陸自は本来ならこの国産機を２５０機整備する気だったという。「ＯＨ－１」は全重の割にエンジンの非力なことをはじめとして使い勝手が部隊に不評で、調達は２０１０年度に38機をもって打ち切られている。

固定翼軽攻撃機（米空軍では「ライトアタック」と略称するので、以下、本書もそれに倣いたい）は、ヘリコプター以上の長距離偵察（それも洋上）

が楽に可能だし、空対空ミサイルによる自衛空戦もできる。

最前線偵察所要の250機プラス、AH所要の数十機、合計300~350機を初期の整備目標にして、逐次に500機以上にも拡充すべきだろう。脚の短いAHとOHは全部の機種を廃止（フィリピン等へ譲与）し、その貴重なパイロット人材は全員「ライトアタック」か輸送へりに機種転換してもらうのが合理的だ。

陸上自衛隊を「軽空軍」に変えねばならないのだ。それ以外に日本が、来たる《3国同時事態》を凌ぐ手立てなど講じ難い。

2018年末に閣議決定された新「大綱」の中で、「クロスドメイン」（軍種間や兵科間の古びた縄張りを撤廃すること）が、国防政策として認定されている。したがって法制上の支障も、特に無いと言える。

旧日本陸軍が、戦略偵察機から重爆撃機までも含む有力な航空部隊を擁し、専属の輸送船艇も開発・傭船していたことを思うなら、まだまだこれしきは「クロスドメイン」のとば口にすぎない。

「スーパーツカノ」とはどんな航空機か

2017年に米空軍の試験に臨みレーザー誘導爆弾を投下するA-29。機首下にFLIRセンサーが突き出ている。（写真／US Air Force）

陸自は、そして防衛省は、ライトアタック（軽攻撃機）に、どのような機能までを期待することができるのか？

それを考えようとする読者に、その可能性や限界についての具体的なイメージを持ってもらうため、この章では、筆者（兵頭）が注目する、日本がいちばん速やかに——発注後1年にして1個飛行中隊分というスピード感で——大量整備ができそうな「EMB－314 スーパーツカノ」（ブラジル製。「A－29」と称するライセンス生産が米国シエラネヴァダ社によってもなされている）を代表としてとりあげながら、やや詳しく説明をして参りたい。

なおデータ等のソースは、主として Joao Paulo Zeitoun Moralez 氏著の『EMB－314 SUPER TUCANO』（2018年刊、本邦未訳）に拠り、他にネット検索等で補うことにする。

なべて航空機は、売り出し開始のタイミングに恵まれているかどうかで、注目度も評判もガラリと変わってしまうものだ。

スーパーツカノは、偶然に良いタイミングで開発され、ゆっくり時間をかけて修正を重ね、軍事先進国の高額でオーバースペックな既存CAS機（典型が「A－10」やアパッチ）の効能に疑問が呈されだしたときに、折り良くスポットライトを浴びるようになった、幸運な機体である。

前史から見よう。

1960年代のブラジル空軍は、「セスナ　T－37C」という単発プロペラ練習機を初等飛行訓練に使っていた。それが70年代になって古びてきたので、エンブラエル社に《軽攻撃機にもなる練習機》を開発させた。それが1980年初飛行の「EMB－312　ツカノ」だ。

エンジンは1100馬力の「P&W　PT6A－67／13」。ターボプロップの練習機は、本機が世界のさきがけで、英軍や仏軍をはじめ、多くのユーザーを獲得することができた。

外見上、プロペラが4翅で、主輪を収納したときに完全にタイヤを隠す蓋があるのが、後の「314」型との区別ポイントとなろうか。

ちなみにツカノは、中南米の森に住む「オオハシ」という野鳥（チョコボールのマスコットキャラ「キョロちゃん」のモデルだ）。

ブラジル空軍としても満足すべき出来だったのであったが、１９８９年から95年にかけ、米空軍と米海軍が合同で公募した、次期共用初等練習機「ＪＰＡＴ」の候補機として、ノースロップ社と組んで応募した「ＥＭＢ－３１２」は、無念、ビーチクラフト社と組んだスイスの「ピラタス　ＰＣ－９」にコンペで敗れ去る。

しかしエンブラエル社では、「３１２」が後発の「ＰＣ－９」（採用後の正式名は「Ｔ－６」）に空中性能では追い抜かれており、このままだとセールスの未来は明るくないという認識は、早々に抱いていたのだ。

そこでブラジル空軍とも相談し、１９９１年１月から、「スーパーツカノ」の開発プログラムがスタートした。

完成型の初飛行は１９９９年。ブラジル空軍に採用されたのは２００３年である。生産は現在も続いており、１機あたり９００万米ドルから１８００万米ドル（１ドル１１０円で換算すると、９億９０００万円～19億８０００万円）の価格（オプションにより変化）で海外ユーザーには納入されている。

たとえばエクアドル空軍は２００８年６月に24機のスーパーツカノを２億７０００万ドルで調達した。１機あたりにすると、１１２５万ドルだ（１ドル１１０円とすると12億３７５０万円）。

優秀エンジンと軽量機体の絶妙なバランス

スーパーツカノのエンジンは、カナダのプラット&ウィットニー社が供給するターボプロップの「PT6A－68C」だ。軸出力は1600馬力。（比較参考：アパッチのD型は1940馬力のターボシャフトエンジンを2基積んだ。）

機首のハーツェル社の定速可変ピッチプロペラは5翅で、回転直径は2・38mある。駐機状態でのプロペラ回転端と地面とのクリアランスは38センチメートル。

可変ピッチ式は、軸の回転数を燃費の良いところに一定させて、プロペラのピッチ角だけを調節することができる。このピッチは、空中でエンジンが止まったときに空気抵抗を最小にできる「フェザー」状態にも、また、着陸後にブレーキをかける「リバース」にもできる。

スーパーツカノには単座型と複座型がある。が、軍用や、海保の哨戒用として実用的と考えられるのは、夜間にFLIR（赤外線遠距離監視モニター）をフルに活かせる複座型なので、以下、複座型本位に説明を続ける。

空虚時の自重は3110kgである（英文ウィキペディアでは3200kgとする）。

最大離陸重量は5400kg、最大着陸重量は4000kgである。

米陸軍航空隊のP-51戦闘機は、硫黄島を離陸して日本列島を縦断し、また硫黄島に戻るという離れ技を見せた。太平洋では航続性能がゲームを変える。
(写真／ウィキペディア)

実用上昇限度は1万6668m(3万5000フィート)。

失速速度は166km／時(90ノット)。

海面高度での最大速力は518km／時。

背面飛行は連続60秒可能。

垂直上昇は15秒間維持できる。

ウイングスパン(右翼端～左翼端の長さ)は11・13m。

機体全長は11・34m。垂直尾翼頂部までの高さは3・97mある。

「EMB－314」の機体の疲労限界は、戦闘荷重で1万2000飛行時間。しかし訓練飛行時間であれば累積1万8700時間まで安全である。

参考までに第二次大戦中の米陸軍航空隊の「P－51D」型は、空虚重量が3463kg、最大離陸重量が5488kg、ウイングスパンは11・28m、全長9・83m……。かなり意識されていることは疑いもない類似だ。

圧倒的な低コスト性で優位

エンブラエル社は「プロペラの《F－16》を作ろう」というコンセプトで、「EMB－314」を開発した。ターボプロップ機の燃費は、ジェット機のざっと「三分の一」で済む。それだけ、長時間滞空して、沿岸監視や敵情偵察を続けることができるのだ。

ブラジル空軍が前から使っていた軽ジェット練習機の「AMX」は、1時間飛行させるのに諸費用が1万2000ドルかかっていた。しかしスーパーツカノは、1時間飛行させるのにかかるコストが1100ドルに抑えられるという。これは訓練飛行に限らない。実戦の作戦飛行でも同じだ。

参考までに、第四世代戦闘機の例を挙げておけば、米空軍が「F－16C」を1時間飛ばすためには2万3000ドルかかっていた（2013年のデータ）。米海軍の「F／A－18 スーパーホーネット」を1時間飛ばすためには2万5000ドル、米空軍の「F－15C イーグル」では4万2000ドルだそうだ。なお第五世代戦闘機の「F－35A」を1時間飛ばすには、整備費等ふくめ3万9000ドルで済んでいるという報道がある。いずれは違う数字も出てくるだろう。

複座型スーパーツカノは、前席でも後席でも操縦が可能だ。これは、有事の生還率・任務達成率を高めるだけでなく、平時に先任の操縦者がシームレスに新人の操縦者に技倆(ぎりょう)を伝授することを容易にする。

最初の2～4機の納品が迅速で、取得費のみならずランニングコストも低廉だとなれば、多数のパイロットを同時に、かつ、ひとりひとりに、より長時間の練習飛行をさせることが十分に可能になるわけだ。これは従来のAHではとても不可能だった。

陸自のライトアタック戦力は、無理なく、しかも急速に、精兵化し得るのだ。

内部燃料タンクのみで滞空時間3時間半という航続力

ブラジルは10カ国と陸境を接し、アマゾン河流域だけでもヨーロッパ半島がほとんど入ってしまうほどに広大。

だから同国軍が用いるライトアタックは、航続力が、パイロットの命にかかわる大問題だ。

スーパーツカノの右翼内部の燃料タンクには灯油系のジェット燃料が330リッター入る。

左翼の内部燃料タンク容量は326リッター。

この内部燃料タンクのみでの滞空時間は3時間半という。

単座型だと、後席の空間に304リッターの燃料タンクも増設できるのだが、再三述べるように、単座型は自衛隊向きではない。

胴体下には、最大で294リッターまでの増加燃料タンクを吊ることができる。

主翼内側のパイロンにも、左右各317リッターまでの増槽を吊下できる。これは戦闘飛行の場合で、もし長距離フェリー（爆装せず、増槽を目一杯吊るし、自力飛行によって機体を転地輸送する）を計画するならば、主翼下の増槽は1個440リッターの特別製にできる。エンブラエル社は2005年に、2名を乗せたフェリー実績として、4800㎞を記録した。

通常のフェリー飛行だと、最大航続距離は3055㎞だという（英文ウィキペディアは、本機のフェリー・レンジを2855㎞だとしている）。

次の数値も英文のウィキペディアに載っているものだが、本機の「レンジ」は1330㎞で、高空接近→低空攻撃→高空帰投というミッション・プロファイルで往復する場合の「コンバット・ラディアス」（戦闘行動半径）は550㎞だという。

やはりここで一言、註解しておかねばなるまい。メーカーや軍から公開（宣伝）されている、有人軍用機の戦闘往復飛行距離（コンバット・ラディアス）はすべて理想値で、現実の運用は、公称数値の6割が目安になるようだ（2017年9月6日に「ComNavOps」氏名でネットに投稿されている「Combat Radius」という記事が参考になる）。

また、公称のレンジ、すなわち兵装あり、増槽なしの状態での片道の最長飛行可能距離を3

A-29の増槽の無い機体下面が分かる。機首左側にあるエアインテイクはエンジンオイルを冷却するためのもの。（写真／US Air Force）

で割ると、おおよその実用的な戦闘行動半径の目安になるともいわれている。

仮に上述の1330kmが「兵装あり、増槽なし」の値だとするならば、それを3で割ることで、443kmという値が得られる。

参考までに挙げれば、那覇空港から魚釣島までは420km、下地島から魚釣島までだと190km、島根県松江市から竹島までは230kmである。

大量の爆弾を遠くまで運搬できることで名高い米空軍の「F－16」戦闘機は、1000ポンド爆弾を6発かかえて高空→低空→高空のプロファイルで往復する場合のラディアス（空中給油なし）が550kmだとされるので、はるかに小型軽量機であるスーパーツカノの異数の脚の長さがよく分かるだろう。

この航続力ゆえに、スーパーツカノには空中受油装置も必要がないのだとメーカーでは宣伝している。

1945年春の沖縄特攻作戦を往路護衛しようとした陸軍

四式戦闘機「疾風」は、空戦能力は高かったものの航続性能が不良で、増槽を吊るして沖縄本島南部まで到達したところで一度空中戦に巻き込まれれば、もはや九州の基地までは戻れなくなった。だから実際には四式戦は全機、徳之島までで特攻隊の護衛を打ち切って反転するしかなかったという。

いくら高性能な兵器でも、南西諸島方面の攻防戦では、航続距離の短い航空機は、期待できる戦力としては「列外」になってしまうという前例であろう。

優秀な「ミッションコンピュータ」による高い安全性

スーパーツカノには「ミッションコンピュータ」が搭載されている。おかげで、着陸予定地までまだ距離があるのに思いがけずガス欠が迫ってパイロットが焦る……といった事態は、考えなくてもよくなった。

機外に何を吊るしているか、行きと帰りの高度をどうするか等で、帰投までの燃料消費量は常に変わるものだが、それらはぜんぶマシンが正確に計算して、離陸の前からパイロットに教えてくれるのだ。

風防、プロペラ、ピトー管（対気速度計）、等には防氷装置が付いている。

広大なアフガニスタンではスーパーツカノも増槽無しで飛び出すことはまずない。
（写真／US Air Force）

飛行中、もしエンジン等に不調が発生すれば、やはりミッションコンピュータがパイロットに警告してくれる。

固定翼機であるスーパーツカノと、AH－1／64などの回転翼機との大きな違いは、なんと言っても、射出座席（エジェクションシート）の有無だ。

ヘリコプターには射出座席は設けられないのに対し、単座や複座の固定翼機には装置することができる。

これは今日の隊員の「募集」活動にも直結する大問題だ。

現代の空戦では戦闘機パイロットが「戦死」することは稀となった。それは射出座席のおかげなのである。

どんな反撃をしてくるか読めない敵を相手にCAS機が向かうとき、それが射出座席を備えたスーパーツカノであるか、はたまた射出座席もパラシュートもないAHであるかの違いは、とても大きい。空中勤務者にならぬかと勧奨する上官、市中で航空兵要員を募集する係も、機種がスーパーツカノであれば、相手の家族の顔を思い浮かべて悩むことはないだろう。

スーパーツカノが採用している射出座席は、定評ある英国のマーチン・ベイカー社製「Mk.BR10LCX」である。行き脚がゼロのときでも確実に開傘し、高度がゼロであっても安全に着地できる。

これにより、訓練中の事故等でパイロットが失われる確率も、AHに比べて断然にスーパーツカノは小さい。

ただし公正のため記せば、ブラジル空軍や、また米空軍のテストパイロットの中にも、スーパーツカノの墜落によって死亡した者がいる。軍用航空機に、永久の無事故は約束されていないのだ。

スーパーツカノの複座型では、射出座席は、前席がやや右側へ、後席がやや左側へ飛ぶようになっている。空中での衝突を避けるためだ。頭上のキャノピーは直前に「紐爆薬」によって砕かれる。

対ゲリラの制圧作戦等に向かうスーパーツカノには、チャフとフレア、それぞれ30発ずつを放出できる「ミサイル欺瞞装置」が取り付けられる。チャフはレーダー反射信号を攪乱し、フレアは赤外線センサーを幻惑させる。

またエンブラエル社では、スーパーツカノのコクピットに斜めに射入しようとする12・7ミリ弾から乗員やエンジンを守ってくれるアーマーをオプションで用意している。アフガニスタン政府軍に米国から供与した「A－29」の写真には、ハッキリと側面の増着装甲らしきものが

アフガニスタン上空で訓練飛行するA-29スーパーツカノ。（写真／US Air Force）

アフガニスタン空軍向けのA-29スーパーツカノ。乗員を対空火器から守る側面増着装甲が分かる。（写真／ウィキペディア）

見えるだろう。

もっと軽量なプロテクションとしては、座席の両サイドにケヴラー繊維を内張りするオプションがあり、これで100m離れたところからの7・62ミリ弾が止められるという。

なお、本書執筆時点までに、MANPADSで撃墜されたスーパーツカノは1機も無い。

80%近い稼働率の「スーパーツカノ」

エンブラエル社によれば、スーパーツカノの稼働率は80%近い。

機体の取得費用が低廉でも、任意の某時点で、即座に出撃可能な機体が少ないならば、国民の負託に応えることはできない。

たとえば2016年のデータだが、米空軍が取得してから10年経過した「F－22」戦闘機×1機を1時間飛行させるためには、42時間の整備時間と、5万8000ドルの整備費がかかるという。このため稼働率は63%にしかならず（2010年時点では60・9%）、その皺寄せで「F－22」のパイロットは、1カ月に10時間から12時間しか飛行訓練することができない。

シミュレーター技術が今日のように発達していても、米空軍の基準では、1カ月に最低20時間飛んでいないような戦闘機パイロットは、第一線レベルの技倆を維持できぬとされる。こうなってしまえば米空軍も、「F－22」を買い調えるための国費を負担してくれた米国の納税者に対して、申し訳が立たないわけである。

米海兵隊の垂直離着陸機「オスプレイ」は戦闘機ではないので、操縦者が毎月20時間も実機で訓練飛行する必要はないだろうけれども、2007年6月から2010年5月までの間、その稼働率は53％しかないと報じられていた。同機の稼働率を高目に維持するためには、ユーザーは、エンジンのスペアパーツの買い入れに、大枚をはたき続けなければならないのだ。

安く、早く、訓練を充実できる

ブラジル空軍は、スーパーツカノの練習飛行隊を2004年9月にスタートさせており、これまでに教練のノウハウを蓄積している。

同空軍では、訓練生を10カ月間で150時間飛行させると、スーパーツカノの4機編隊の「ナンバー4」が務まるまでに仕上がるという。

左右の翼銃（12・7ミリ機関銃×2門）による空中射撃訓練では、他のスーパーツカノ機が曳航する「バナー的」を狙い撃つ。

チリ空軍やエクアドル空軍が買ったスーパーツカノは、空対空ミサイルを搭載するが、その発射の訓練は、地上でシミュレーターにより履修ができるようになっている。

米政府によるアフガン政府軍強化プログラムでは、贈与するスーパーツカノ（シエラネヴァダ社製）×20機に対して、パイロットは30名を育成し、地上整備員は90名を教育するという。

もし陸自や海保がスーパーツカノを導入するなら、夜間ミッションが不可欠であることから、全機が、FLIRの夜間監視機能を発揮できる複座型になるだろう。

もともと、練習機を先祖とするスーパーツカノは、後席からでも操縦が可能。先任飛行士の経験を後輩に伝授しやすいことにおいて、複座機は断然に単座機に勝る。練習飛行隊を卒業して実戦飛行中隊に配属されてからも、シームレスに「高等戦技教育」を受け続けられるからだ。

たとえば洋上での対外国艦船の監視任務に、新旧パイロットが複座機に乗り組んで飛ぶとき、それはミッションでありながら、同時にまた、若いパイロットの経験値を高める教育にも、なってくれるわけだ。

このおかげで、複座型スーパーツカノ機の部隊の練度は、与えられた、限られた予算の中で、最も高く維持し続けることができるのだ。

敵回転翼機を凌ぐ巡航高度と巡航速度

先の大戦中、九州から沖縄基地に移動しようとした陸軍航空隊所属機が、不連続線（前線）や積乱雲に阻まれて南下を断念させられたことはたびたびであった。米軍の上陸直前に多数の特攻機を集中させるだとか、島の守備隊の地上反撃に航空特攻を同期させるなどといった大本営の作戦構想は、すべて絵に描いた餅におわった（現地・第32軍の長勇参謀長だけが、最初からそれを見通していたように思われる）。

しかしスーパーツカノは、高度1万ｍに上昇してもキャビン内は０・34バールに与圧されている。機上にて酸素を生成しパイロットのマスクへ送気する装置「ＯＢＯＧＳ」も備わっているから、並のサイズの積乱雲であれば、その上を跳び越して前線近くの島嶼飛行場に進出することができるのだ。

沖縄からフィリピンの飛行場へ転進することも、能力上は、容易である。

距離にも、途中の天象にも邪魔されずに、命下るや即時に基地から基地へ移動し、集中できる。この「ディプロイアビリティ」が、スーパーツカノは際立っている。

エンブラエル社によれば、スーパーツカノは高度１万フィート（３０４８ｍ）になれば、地上からは姿も見えないし、エンジン音も聴こえなくなるという。それだけ、MANPADSに狙われずに済む。

高度6096mまで上昇するのにかかる時間は8分18秒。その高度では敵の大口径機関砲もまず当たらない。

さらに高度を取れば、どんなMANPADSも届かない。ヘリコプターにもオスプレイにも真似ができない長所だろう。

飛行高度に余裕があると、敵ゲリラや海賊船の通信を傍受するといった電子戦ミッションもそれだけ効率がよくなる。木造船やゴムボートの領海接近を、きめ細かく見張り続けることもできる。滞空時間の短いヘリコプターには、為し難い任務だろう。

対米戦の末期、九州の知覧飛行場から沖縄までの650kmを「隼」なら2時間、「九七式戦闘機」なら2時間半飛ばないと、移動はできなかった。スーパーツカノの経済的高度における巡航スピードは520km／時あるから、何もなければ1時間15分で九州と沖縄の間を翔破できる。

福建省から尖閣諸島までは370kmしかなく、沖縄本島からの距離よりも近いのだが、たとえば中共軍の侵攻準備をわが軍が偵察衛星や無線傍受によって察知して、いちはやく九州や本州から多数のライトアタックを先島群島の基地まで展開させて集中態勢をとってしまえば、敵の輸送ヘリコプターもホバークラフトも、途中でわがライトアタックからの反覆(はんぷく)波状攻撃を受けることを覚悟せねばならなくなり、侵略の企ては挫折する。

先島群島からであれば、スーパーツカノの燃料には十分すぎる余裕がある。随意に最高速力５９０km／時を出して、敵の尖閣侵攻部隊の先手を取り、翻弄してやることが可能だ。

エンジン分野の「対抗不能性」を最大限に利用できる

あらゆる工学分野で米国を猛追しているかに見える中国産業の、依然として克服の見通しが立たない大弱点が、内燃機関の分野だ。

ロシア製の高性能エンジンとその交換パーツ（消耗部品）を好きな数だけ常続的に輸入できなければ、最新鋭戦闘機も、戦略爆撃機も、攻撃ヘリコプターも、試作モデルが少々、仕上がるにすぎず、それを大量生産に移して部隊に配備できる目途は、いつまでも立たない。

やむなく、国内メーカーにロシア製や西側製のエンジンを無理やりに違法コピーさせるのだが、そのコピー品の機能（出力、燃費、信頼性、耐久時間）は、コピー元よりも数段、劣るのが常である。

彼らにこの限界があるために、これまでも、周辺国はどれだけ助かっているか知れない。

たとえば、中共製の《攻撃型無人機》は、数社によって長年、改良努力を続けられているけ

中国空軍では現役の初等教練機CJ-6Aをアメリカの民間人が買ったもの。レトロなレイアウトのピストンエンジンが使われている。（写真／ウィキペディア）

れども、どうしても、米国製の「MQ－9リーパー」の速力、上昇力、滞空時間を上回ることができずにいる。機体の外見を、真似できるだけなのだ。

なぜかというと、リーパーに搭載されているような、小型で軽量でパワフルで信頼性の高いターボプロップエンジンが、手に入らないからなのだ。

サイズや馬力の大小に関わらず、優れたエンジンは経験工学の結晶であり、デッドコピーはできない世界である。むしろ、小型のエンジンほど、コピーは難しいかもしれぬ。

しかたがないので《中共版リーパー》には、レシプロエンジン（ガソリン燃料）を搭載するしかない。それでターボプロップと同じパワーを得ようとすればエンジンはてきめんに重くなり、総合燃費も悪い。結局、速力でも滞空時間でも巡航高度でも、妥協するしかなくなるのだ。

もちろん、民間の小型機用として海外の中古市場で手に入れられる西側製の優れたターボプロップエンジンを、密輸同然にして１個ずつ持ち帰り、試作モデルに搭載することはできよう。しかしその新品を堂々と国内で量産して内外のユーザーに納入することは不可能だ。

英文のウィキペディアで、今の中共国内で製造されている全エンジンを一覧することができるが、それによれば、中共空軍のプロペラ駆動練習機の動力は、今でもピストンエンジンだけだ（旧ソ連製のライセンス）。

中共製のターボプロップエンジンになると、なんとたったの２つしかなく、そのいずれも、輸送機用の大型のもので、軽便機には向かない。

（豆知識だが、漢文で「渦槳」と書けば「タービン＋プロペラ」の意味になり、音声が Wo Jiang なので、中共製ターボプロップエンジンはすべてＷＪ－という記号が頭に付いている。）

これは何を意味するかというと、中共軍は、陸自のライトアタックに「同質機」でもって対抗することは、企て得ない。

低性能のピストンエンジンの軽便機で《有人スウォーム》部隊を編成し、豊富な資金力にあかせて数千機を準備しておき、第二次大戦中のノルマンディ上陸作戦に投入された連合軍の兵員輸送グライダーのように、ある晩、一斉に片道出撃させたらば、たとえば台湾の要部に降着して占領してしまうことぐらいは、たやすいかもしれない。しかしそうなるとこんどは、おびただしい下士官に飛翼と爪牙（そうが）とを与える結果が、懸念される。すなわち中央からの統制が無視されたり、中央に対する反乱につながるのではないかと心配されるので、そういう発想は封じられてしまうのだろう。

だとすれば、中共陸軍は、陸自の擁する数百機のライトアタック部隊には、組織文化的にも対抗不能に陥るわけである。

未舗装の滑走路でも離発着可能

「EMB－314」は、練習機であった「EMB－312」にただ武装を吊るせるようにした「マイナーチェンジ」モデルではない。ハードポイントを強化するため、主翼の内寄りは再設計され、別物になっている。構造を頑丈にしたおかげで、兵装を吊下した姿でも、プラス3・5G～マイナス1・8Gの急機動ができる。

スーパーツカノの首輪の空気圧は8・68バール、主車輪の空気圧は9・24バールと低目なので、舗装されていない滑走路しかなくとも、離発着が可能だ。

スーパーツカノが離陸する前の地上整備員による点検は10分間で終わる。燃料と弾薬は、ゼロからフル搭載するとしても20分。

そしてパイロット自身による点検は、1分間で済む。

パイロットが操縦席まで乗り込むのには、梯子も何も要らない。

キャノピーの開け閉めは、パイロットの手動である。

以前のブラジル空軍の練習機「ＥＭＢ－３１２」は、キャノピー全体を電動で大きく後方へ跳ね上げる方式にしていた。が、ユーザーのメンテナンスの手間が増すだけだという教訓が得られたので、「ＥＭＢ－３１４」では採用されていない。

エンジンは、機上のバッテリーにより始動させられる。

バッテリーの残り電力が7割しかなくても、３回、始動を試みられる。

内蔵バッテリーの電圧が足りぬ場合には、僚機からケーブル給電してもらって始動してもよい。

地面から50フィート（15・24ｍ）浮き上がるまでの離陸距離は９００ｍ必要である。

同じく、高さ50フィートの障碍物（しょうがいぶつ）越しに着陸をする場合に必要な水平距離は８６０ｍだ。

有事には、この「高さ50フィートの障碍」を回避できる離着陸方向を見い出せばよいので、南西諸島の随所の「直線道路」も臨時に活用できる。

ブラジル空軍が１９８９年から飛ばしている軽ジェット攻撃機の「ＡＭＸ」（イタリアと共同開発したもので、自重7トン）は、地面が濡れている状態だと、安全な着陸のために２７００ｍもの滑走路を必要とした。

そのような長い滑走路は、あちこちにたくさんあるものではない。

たとえば滑走路長が800mしかない沖縄県の粟国空港は、軽ジェット攻撃機が無理に着陸しようとすれば危険だ。が、スーパーツカノ級のプロペラ機ならば緊急的に利用することは十分に可能なのだ。

1945年の沖縄特攻作戦中、陸軍四式戦闘機「疾風」は、自重が4013kgもあったために、舗装滑走路でなければ離着陸ともに苦しく、どうしても展開し得る基地が限られた。それに対して古い固定脚の陸軍九七式戦闘機は、全備重量でも1・5トン強しかない軽さが重宝されて、沖縄特攻作戦の全期を通じて何波も送り出されていることが、戦史叢書の『沖縄・台湾・硫黄島方面　陸軍航空作戦』（昭和45年刊）を読めば分かると思う。

今日でも、軽量で低速のプロペラ機は、代替滑走路をいたるところに探すことができるので、中国や韓国からの中距離弾道ミサイルや巡航ミサイルによる既存飛行場へのハラスメント攻撃を受けても、継戦は妨げられない。

人が住んでいる島嶼では、道路の1km前後の直線の延長上に、地面から突出した地形・地物が存在せず、そのまますぐ海になっているような場所も多いであろう。条件の良い向かい風があればスーパーツカノは、離陸も着陸も上記数値よりはるかに短い地上滑走だけで用が足りてしまう。「現代の九七戦」と呼んでも差し支えないのだ。

なおスーパーツカノは、帰投後は、飛行1時間に対して90分の整備が推奨されている。

夜間の洋上戦闘も難なくこなす充実の電子装備

中共軍特殊部隊が、南西方面のわが離島に上陸を試みたり、既に私服で沖縄県内に潜入を済ませていた先行隠密工作大隊（ロシアのクリミア切り取り作戦の主役としてウクライナ領内に突如出現した、意図的に所属をグレーゾーン化した匿名武装部隊のようなもの）が本性を顕して僻村の占領に着手したような時に、西部方面隊所属の陸上自衛隊航空部隊は、即座に空からの偵察や反撃ができなくてはならない。

そうした任務飛行は、夜間になることが多い。中南米やアフリカでの戦訓では、政府軍の小型低速攻撃機が３００ｍ以下の低空を低速で飛んでも、夜のうちは地上のゲリラからは視認され難く、したがって自動火器等による地対空射撃を蒙る恐れが局限されると判っている。

高度３０００ｍ以上を飛行すれば、地上から射ち上げた機関銃弾などまず当たらなくなるし、さらに５０００ｍ以上となれば、敵の特殊部隊が携行できる肩射ち式対空ミサイル（ＭＡＮＰＡＤＳ）も届きはしない。

しかし陸自のライトアタック隊には、敢えて敵からよく見える低空を旋回して敵の海上民兵を威嚇したり、海保に協力して、無法海賊漁船団の前路に警告射撃を加えるといった、柔軟で弾力的な活動も要求されることもあるだろう。

中南米では、犯罪カルテルの、小型航空機や舟艇による密輸も、たいがいは夜間に試みられるものだから、取り締まる側の機体には、暗闇を透かし見られる視察機材が備わっていないと仕事にならない。スーパーツカノはそんなユーザーたちを満足させている。

スーパーツカノの計器表示は「グラスコクピット」化されている。イスラエルのエルビット社製のカラー液晶画面に、必要な情報が分かりやすく表示されるのだ。たとえば赤外線センサーが捉えた夜間の地表映像に、攻撃目標のマーク（南米式と北米式でシンボルの形は異なるが、ユーザーに合わせて変更される）が重なって示される。

エンブラエル社は、1997年にイスラエルのエルビット・システムズ社と契約を結んだ。フルカラー液晶画面に表示されるマークや文字は、スーパーツカノが輸出される先のユーザーの要望に応じ、カスタムされる。米空軍とまったく同じ記号体系になっていることを望むユーザーは少なくないようだ。

こうしたハイテク・システムが故障する場合もいちおう考えてあって、バックアップ用として、3個のアナログ計器も残されている。

南米の麻薬密輸業者たちは、低速プロペラ機でジャングルの樹冠ギリギリを飛ぶことで、取締りを逃れようとする。しかしスーパーツカノのパイロットがヘルメットに装着するNVG（ナイトビジョンゴーグル）と、胴体下に取り付けるボール状のFLIRセンサーターレット（エ

A-29によるアフガン人パイロットの夜間訓練。増槽とレーザー誘導爆弾を主翼下に吊るしている。（写真／US Air Force）

ルビット社製の　Ｓｔａｒ ＳＡＦＩＲＥ Ｉ／Ⅱ／Ⅲ　または　ＢＲＩＴＥ Ｓｔａｒ Ⅱ）があれば、そのような侵入機も見逃さないという。

スーパーツカノのＦＬＩＲは後席の乗員がモニター画面を睨（にら）んで監視するので、複座型にのみ付く。ＦＬＩＲは、動いている目標をマークすると、自動で追尾を続けてくれる。

もし貧乏なユーザー国であれば、ＦＬＩＲを全機が装備する必要はない。たとえば数機編隊で夜間の襲撃に向かう場合、１機のＦＬＩＲ装備機がいちばん高いところから目標を見定め、データリンクによって、得られた目標情報を、残りの僚機（爆装し、奇襲するため低空からアプローチする）に電送してやることができるからだ。とはいえ２０１５年の時点でオスプレイに３６００億円もかけることを簡単に決めてしまうことができたほどのわが防衛省には、そこまでケチケチする必要もなさそうだ。

低空を低速で飛びつつ投弾できるスーパーツカノは、

A-29スーパーツカノから通常爆弾リリースの瞬間。（写真／US Air Force）

夜間、無誘導の230kg爆弾を投弾しても、目標から5mしか外さないという。だからブラジル空軍機ではレーザー誘導システムを導入していない。

しかし米軍がアフガニスタン政府軍に贈与したスーパーツカノには、レーザー誘導爆弾「ペイヴウェイ」を運用できる能力がしっかりと付与されている。どうしてかというと、今日のゲリラは都市や大集落内に広く散開し、それを討伐せんとする味方政府軍と「前線」が錯綜することがしばしばある。だから、地上の味方軍のレーザースポッターが照射している目標に確実に爆弾を落とすようにしないと、「同士討ち」が起きるからだ。

たとえば2017年にIS系のイスラム・ゲリラが立て籠もったフィリピンのマラウィ市をめぐる攻防戦では、フィリピン空軍のガソリン単発レシプロの複座（サイドバイサイド）機「SIAIマルケッティ　SF－260」が投弾した1発の爆弾のために、味方の地上軍の将兵10人が死亡してしまった。自重1トンにも満たないレシプロ機でも、数百kgの爆弾を投下できる航空機の殺傷ポテンシャルは甚大である。それだからこそ、誤爆は絶対に予防せねばならず、攻撃機がみずから下界の目標を選定する流儀は、CASでは採用しない方がよいのだ。

コロンビア空軍所属のスーパーツカノが搭載したレーザーレンジファインダーはブラジル空軍所属機よりも高性能で、20㎞先までも測距できるという。そのレーザー光は機首カウリングの下部から照射される。

エルビット社製のFLIRは、赤外線と昼光TVカメラで地上の目標を確定し、レーザーを照射してくれる。そこにレーザー／INS誘導爆弾を投下すれば、GPS誘導爆弾を何倍も上回る精度で命中してくれる。もし、米国製の誘導爆弾にこだわらないユーザーだったら、イスラエル製の「リザード　Ⅱ」という誘導爆弾も購入可能である。

いま、最新の技術動向として、空からゲリラを攻撃する前に、その顔の画像をAIがデータベースと照合して、かつまた、服装や動きのパターンが無辜住民の特徴でなくゲリラの特徴であるかどうかについてもAIの助言を仰ぐというシステムが、米国内では研究されつつある。いずれはライトアタックにもその種のソフトウェアが後付けされるだろう。たとえば、海上民兵と漁民を正確に見分けることができれば、こちらも態度を決めやすい。

スーパーツカノのエンジンカバー右側面には「投光器」もあって、夜間、70m～100m先を飛行する不審な小型機のマーキングや機体番号を肉眼で読み取るのに便利である。

スーパーツカノを単座にすれば、航続距離は延びる。が、地上／海上目標の夜間識別は、単座では難しく、注意力が分散されて危険でもある。重ねて強調するが、夜間出撃や対地／対艦攻撃を旨とするなら、ライトアタックは複座機にすることが推奨される。

コロンビアは25機、すべて複座を発注した。

なお、スーパーツカノのモニター画面やヘッドアップディスプレイの表示情報はすべて録画されるので、後で仔細に確認・分析することができ、場合によっては、クルーの賞罰の証拠とされる。

ジェット戦闘機並みの通信ネットワーク能力

スーパーツカノはＮＡＴＯ軍仕様のデータ送受ができる「リンク16」を実装できる。この無線データリンク機能を用いれば、たとえば２４０㎞も後方に位置する味方の地対地ミサイル部隊（もしくは地対艦ミサイル部隊）に対し、敵目標の座標を伝達することができる（２０１５年に実験済み）。

また、地上のレーダー局や、友軍の早期警戒機等から、近傍脅威に関わる情報を受け取ることもできる。スーパーツカノには対空レーダーが備わっていないけれども、あたかもそれを有しているかのように、ディスプレイ上で「レーダースクリーン」を確かめることもできる。

この機能を活かし、米空軍の「Ｅ－３」ＡＷＡＣＳは２０１０年から、ドミニカ空軍のスーパーツカノに対して、密輸任務が疑われる近傍飛行物体の情報を電送するようにした。たちまち小型低速飛行機による麻薬密輸は不可能になってしまい、犯罪組織はしかたなく、運搬手段を小型ボートに変更したという。

小型ボートが巨船に寄り沿うようにすれば、ＡＷＡＣＳのレーダーでは海賊の動静を把握し辛くなる。しかし、その船舶の位置をドミニカ空軍に知らせることはできる。

航続距離に余裕のあるスーパーツカノが現場海域に向かい、夜間であれば暗視装置を使って、怪しい船舶の素性を見極め、必要とあらば銃撃等によって、無法者集団を制圧することができるのだ。

ジェット機は飛ばすだけでも面倒が多いもので、とりあえず多数でかけつけるという運用には向いていない。しかしスーパーツカノであれば、狭い海面に多数機を集中して、海上保安庁による違法漁船団の取締りを、力強くバックアップすることもできる。

海上保安庁じしんが、この優れた航空機を導入することも、これからは検討されてよいだろう。

海賊の小舟を掃射できる固定武装

コロンビア空軍のスーパーツカノは、本書執筆時点までに国境上空で5機の密輸容疑機を撃墜したという。スーパーツカノのおかげでコロンビアへ空路で搬入されてくる麻薬はほとんどなくなった。

エンブラエル社は、スーパーツカノに搭載すべき固定火器を、いろいろと考えてみたそうだ。

第二次大戦以前には、プロペラ同調装置を添えて機首上部に自動火器を据えるのが、命中精度を重視する場合には好ましいと考えられた。が、このスタイルは戦後は廃れている。

というのも、自動火器の口径と弾丸の威力が増すにつれ、不良装薬の燃焼異常やコックオフ（連射で赤熱した薬室に次弾実包が装塡された直後、高温のために装薬が自燃発火を起こすアクシデント）などで弾丸が飛び出す速度やタイミングがズレた場合にプロペラが破壊されてしまう危険が無視できなくなったことと、同調装置のデメリットとして、その機関銃が本来発揮できるはずの最高のサイクル・レート（一定時間の発射弾数）が何割も抑制されるという不利が、他のメリットを上回ったためだ。

そこで結局、昔からなじみのある「ブラウニングM2」12・7ミリ機関銃を主翼前縁に取り付けるのがいちばんだとの結論に達した。選択された型番は、航空機用に銃身が肉薄でサイクル・レートの高い「FNハースタル　M3P」（FNの本社はベルギーだが米国内その他にも系列の製造工場があり、また各国にライセンス供与もしている）である。

スーパーツカノに搭載する場合、弾薬は1銃につき250発まで給弾できる（2013年以前の資料では200発）。「M3P」のサイクル・レートは1銃につき毎分950発〜1100発と非常に高い。

12・7ミリ機関銃の弾丸は、水平距離で6400m先までも到達するものの、3800mより近間でなくば一点に集弾させることは難い。低速機を相手にトレーサー（曳光弾）で警告射撃を試みるのならば、1000m以内に近寄ることになるだろう。さもないと、当てるつもりがないのに当たってしまったということにもなりかねない。

一般に翼銃は、機体正面前方のある一点で左右の射弾の弾道がクロスするように銃身の角度を調整して取り付けられる。スーパーツカノの場合、前方何百mにその距離を合わせているのか、数値は非公開のようだ。

エンブラエル社の設計技師たちにとり、主翼前縁から自動火器の銃身を突き出させるように取り付ける仕様は、初チャレンジだった。そこで彼らは、リオデジャネイロ市内にある航空機博物館へ赴いて、第二次大戦中の米国陸軍航空隊の戦闘機「リパブリックP－47D　サンダーボルト」と、「カーティスP－40」を調べてみた。その結果、「P－40」が手本にされたそうだ。

もし、空中で、この機関銃にタマ詰まりが起きたらどうなるか？　排莢と再装塡のためのソレノイドがついているので、15秒ほど待てば、復活させられるという。

純然たる練習機として使うスーパーツカノからは、翼銃は、外してしまう。その場合、機関銃と弾薬のためのスペースを、燃料タンクにすることができる。容量は、左右あわせて40リッターだ。

私見だが、もし本機を陸自や海保で採用する場合には、平時のパトロール任務や練習飛行であっても、ダミー銃身は取り付けておくべきだ。スーパーツカノに機関銃が実装されているのかいないか、敵眼からは判別ができなくしておくことが大事だ。さもないと、遠距離で丸腰警官と対峙した凶悪犯が少しも命令を聞く必要など感じないのと、同じことになってしまうだろう。

多種の爆弾とロケット弾が吊下できる

スーパーツカノに搭載可能な兵装の合計重量は、最大１５５０kgである。大戦中のＰ－51が1トン未満であったから、ターボプロップの底力は端的に理解できるだろう。

胴体下パイロン1カ所と、主翼内側のパイロン（左右計2カ所）に兵装を吊るす場合は、１

カ所あたり最大で351kgまでだ。

主翼外側のパイロン（左右計2カ所）に兵装を吊るす場合は、1カ所あたり最大248kgまでが許容される。

ゲリラが立て籠もり、頑強な陣地として利用しているコンクリート製ビルを破壊するといった、現代ではよくあるミッションでは、重量119kgの米国製「マーク81」爆弾や、同じく重量227kgの「マーク82」爆弾を吊下できる。

都合により米国製を調達できないというユーザーは、「マーク81」の同格品であるブラジル製の128kg爆弾や、イスラエル製の各種爆弾を買って取り付けてもよい。

昼間の対地支援ミッションや対舟艇攻撃ミッションで、目標が明瞭に視認できる場合には、ロケット弾ポッドも選好されるだろう。

ロケット弾ポッドは、7連装のものだと、ポッドのみの重さが47kg〜48kg。7本挿し込んだ状態では、ポッド1個が100kgから125kgになる。

この重量値に幅があるのは、複数のメーカーの多種のロケット弾を選択できるからだ。たとえば有名な「ハイドラ70」という直径70ミリのロケット弾であれば、1発が6・2kgだが、同じ70ミリ径でも、重さが11kgにもなるロケット弾も用意されている。

スーパーツカノは、19連装のロケット弾ポッドも吊下できる。しかし、ポッドのみでも75kg、70ミリ・ロケット弾を19本挿し込んだ状態では284kgにもなり、これは主翼の外側のパイロンには吊下できない。（将来、日本のメーカーが複合素材で主翼の桁を造って提供すれば、構造強度はガラリと変わるだろうとも想像できる。）

フィリピン政府軍が、イスラム・ゲリラが立て籠もったミンダナオ島のマラウィ市をまるごと破壊し尽くさねばならなかった２０１７年の戦例では、地上の友軍部隊の近くに爆弾が落ちて殺傷してしまう事故が何度も発生してしまっている（誤爆した航空機は、韓国製の新型の軽ジェット攻撃機や、イタリア製の旧いレシプロ単発攻撃機）。

そうした近年の諸戦訓から、たとい相手が地対空ミサイルを装備していない小部隊であっても、誤爆の発生率をゼロにするためには、できるだけ味方の地上連絡員がレーザーで投弾点を明示し、そのレーザー反射源にレーザー誘導爆弾を落とすという手順に徹するべきであるというのが、殊に米軍の方針であるように見受けられる。

米国からアフガニスタン空軍に供与された「A－29」（スーパーツカノのライセンス生産型）には、そのような対地支援のありかたを前提にした、レーザー誘導関係の諸装備が最初から搭載されていて、訓練も、レーザー誘導爆弾の運用に焦点を当てているように窺われる。

レーザー誘導爆弾は、煙や砂塵や雲によって照準を遮（さえぎ）られやすく、且つ、GPS誘導爆弾よりも高価である。しかし、GPS誘導爆弾よりも命中精度が高い（GPS誘導だと10m以上も外（はず）れることがあるが、レーザー誘導だと1m弱しか外れない）のと、地上誘導員と連携する場合、投弾目標を間違える錯誤があり得ないので、米軍は高く評価している。

地上誘導員は、友軍機に投弾をしてもらいたい地点のGPS座標を友軍機に無線で伝えることもできる。が、この方法では、思わぬ誤爆事故が起きてしまうことが避けられない。アフガニスタンで、米軍は身に滲みて思い知った。あるとき、地上誘導員の無線機の現在位置座標が自動的に上空の「B－1」爆撃機に伝達されてしまって、爆撃機側ではその座標に投弾すればいいのだと思い込んで、結果として、地上誘導員と友軍地上部隊が1トン爆弾で正確に吹き飛ばされてしまった。

スーパーツカノから投弾できるレーザー誘導爆弾には、米国製の113kgの「GBU－58 ペイヴウェイ」、同じく226kgの「GBU－12 ペイヴウェイ」や、イスラエルのIAI社製の274kgの「グリフィン」（「マーク82」にレーザー誘導のための属品を取り付けたものである）や、エルビット社製の250kgの「リザード Ⅱ」（やはり「マーク82」に属品を取り付けたもの）が選択できる。

また2012年にはボーイング社が、2種類の最新型の小型精密誘導爆弾をスーパーツカノから運用できるようにするシステム改修の契約をエンブラエル社と結んでいる。

最新トレンドの対人ミニマム誘導爆弾

じつは今、米国では、錚々（そうそう）たる軍需企業大手各社が、極小サイズの対人誘導爆弾の開発に拍車をかけていて、これを米軍の他、世界中に売り込もうと、互いに鎬（しのぎ）を削っている。

背景事情だが、米陸軍が有人回転翼偵察機OH－58の後継と決めている固定翼無人機「MQ－1C グレイイーグル」に、強化改良版の「GE－ER」（エクステンデドレンジ）型ができてきた。胴体も燃料槽も前より大きくなって、滞空40時間を実現できたのはよいのだが、兵装は、あいかわらず、ヘルファイア×4発までなのだ。

これでは、ゲリラを4回しか爆撃できない。それ以上の目標を上空から見つけても、いったんは、基地まで戻ってヘルファイアか、同じくらいの重さがある誘導爆弾を積んでこなくてはならないわけだ。

そこで、たとえばノースロップグラマン社では「ハチェット」というシステムを開発した。1発ずつ精密誘導される小型爆弾を12個、ディスペンサーポッドに入れて、グレイイーグルのパイロンに吊るせるのだ。

ディスペンサーポッドの寸法は「ヘルファイア2」より一回り大きく、総重量も57kgと、

「ヘルファイア2」より9kg重いけれども、ヘルファイア×4発の代わりに、ディスペンサーポッドを2個吊るしたならば、1ソーティ中にハチェットを24回も投弾することができるから、まず、基地に戻って爆弾を搭載し直す必要などなくなるだろう。ハチェット1発の筒径は60ミリ。したがって、海兵隊の軽迫撃砲弾くらいの殺傷威力と思われる。

ハチェットは、無動力の自由落下爆弾だが、やや大きめの安定翼によって、多少の滑空が効く。中途誘導はGPSまたはINS（慣性ジャイロ）。終末誘導は弾頭センサーによる。そのタイプは数種用意され、たとえば赤外線イメージロックオン、あるいはレーザー反射源ホーミングも選べる。ノースロップ社はこれが将来のベストセラーになると考え、すべて自社資金で開発。18年10月には投下試験まで漕ぎつけた。

筒径60mmの超軽量対人ホーミング爆弾「ハチェット」。舵翼はディスペンサーから放出された後に展張する。
（写真／ノースロップグラマン社）

５００ポンド型（54発入り）ディスペンサーポッドも開発されているところで、こちらは、５００ポンドのレーザー誘導爆弾を吊るす「ＭＱ－９リーパー」向けに提案するつもりだという。

類似の小型誘導爆弾を、ライバルのテキストロン社やレイセオン社でも、それぞれ独自に研究中だ。

レイセオンの「パイロ」は重さ12ポンド。長さ22インチ。

テキストロンの「フュリー」は径３インチ、長さ27インチ。13ポンド。

どちらもディスペンサータイプではない。したがってより小型の無人機に、数発ずつ抱えさせるのに適するだろう。いまのところハチェットがいちばん、多爆弾化の先頭を走っている。

日本のライトアタック（軽攻撃機）が抱えて飛び出す兵装も、将来はこうした「ハチェット」のようなシステムになるだろう。

無数の舟艇が離島に殺到しても、たった１機のスーパーツカノにより、途中で１隻残らず覆滅してやることが、可能になるであろう。

なお、洗練された小型爆弾とは逆なタイプの兵装として、ブラジル空軍は、無誘導のナパーム焼夷弾「ＢＩＮＣ－３００」（２８２kg）をスーパーツカノに搭載することもある。

また、重さ２２２kgの大型照明弾として「ＳＵＵ－25Ｆ／Ａ」も用意されている。

胴体パイロンの変わった利用法としては、いろいろな荷物を２７０kg詰め込むことのできる、重さ80kgの「ロジスティック・ポッド」も吊下できる。

世界各地のユーザーの経験がフィードバックされている

スーパーツカノは、アマゾン河流域の蒸し暑い熱帯雨林地方でこれまで十数年、ブラジル軍によって問題なく運用されてきた。

輸出をされた先の、アフリカの草原地帯や沙漠地帯、さらには冬の寒さ厳しきアフガニスタンの山岳地帯でも、同機は活躍を続けている。広範囲な天候気象に適用できることについてはもう折紙付きだと言えるだろう。

ドミニカは、ハイチと１島を分有する共和国だ。

２００８年12月、ドミニカはスーパーツカノの複座型を８機、発注した。契約総額は９３７０万米ドル。１ドル＝１１０円で換算すれば、１機が12億８８３７万５０００円となろう。これには、初期訓練等の人的サービスや、スペアパーツ代等も按分されて加えられている。

ドミニカ空軍の同機の用途が、密輸業者のインターセプトにほぼ限られていたので、対地爆撃に必要なレーザー装備や、地対空ミサイルをかわすためのチャフ・ディスペンサーは、装置されていない。

米国に流入するコカインの15％はドミニカを通っているといわれたが、米国はこの飛行機調

ドミニカ共和国空軍の EMB-314 スーパーツカノ。(写真/米国防総省)

達に金融面での支援はしなかった。国内メーカーから反発されるので、できないのだ。

そこでブラジル銀行がローンを組んでやったという。最初の2機の納品は、2009年12月。きっかり1年だ。そして残りの6機は、2010年8月に納品された。

すると翌年の2011年には、ドミニカへの海上を経由する武器やドラッグの密輸入は、ほぼゼロになったという。

沙漠の国の、モーリタニア。

同国空軍は、基地から1100㎞離れたアルジェリア国境近くの沙漠上空に30分間とどまって、車両で移動するゲリラ部隊を捕捉・攻撃してから帰還する必要がある。スーパーツカノに3個の増槽を吊るせば、そんなミッションが可能なのだ。滞空は6時間にも及ぶ。

往路と復路のほとんどは高度3500mを飛行するが、ゲリラ出没エリアでは5000mまで上昇してMANPADSを警戒し、襲撃動作では思い切って低空から敵の不意を衝くようにする。

2017年9月には、アルジェリア国境でゲリラが移動に使っていたトヨタ製のピックアップトラックのエンジン部分を12・7ミリ翼銃で射撃して動けなくしてやり、味方の地上部隊がゲリラを捕獲するのを助けている。

民間軍事会社「ブラックウォーター」社も評価した利便性

米軍の関係者で最初にスーパーツカノの可能性を見抜いたのは、元ネイヴィー・シールズの隊員たちで創設した民間軍事サービス企業「ブラックウォーター」社（当時）だった。

2008年2月、同社は、機関銃がついていない複座の練習機型を1機、評価用としてエンブラエル社に発注し、購入した。

なぜ、米海軍の特殊部隊関係者がこのような軽便なCOIN（カウンターインサージェント＝対ゲリラ戦用）機に強い関心を抱くのかというと、2001年のアフガニスタン作戦いらい、米軍特殊部隊は友軍の航空機からCAS（近接航空支援）を受けることがいかに決定的であるかを認識したのであるが、残念ながら今のところ米空軍で唯一のCAS専用機といえる「A－10」ジェット攻撃機ですら、呼べばすぐに来てくれるというようなお手軽な機体ではない。前線近くに進出している機数も限られている。

いきおい、海軍のシールズとしては、できれば空軍の「A－10」や「F－16」（A－10以上に高い爆撃能力があるのだが、パイロット達が上空待機時間が長くて退屈なCAS任務をしたがらない）には依存をせずに、あたかもシールズのCAS専用機のように気兼ねなく駆使することの可能な、軽便かつ滞空時間の長いCOIN機を、希求するようになっていたのである。

しかし米海軍が正式に、地上基地から運用する固定翼のCOIN機を装備化したいと欲しても、予算の節用（兵器の四軍共用化）にうるさい近年の連邦議会を説得することができるとはとうてい思えず、最初から断念するしかなかった。

そこへ行くと、民間の軍事会社ならば、会社の予算内で自主的にクロスドメインの装備も選べるわけだ。

ブラックウォーター社系列の民間軍事会社の「EPエヴィエーション」が発注した1機には、都合により翼銃こそつけられなかったが、その代わりに「リンク16」、衛星交信装置、「SecNet 54」という暗号無線システムなどを充実させていた。

会社はこの航空機を気に入り、さらに3機、レンタルしようとしたところで、米政府が介入して事業の拡大を阻止した。

けっきょく、買われた1機は2010年5月に、ブラックウォーターの航空機部門である「Xe エヴィエーション」社へ移管され、そこから民間軍事航空会社の「タクティカル・エア・サポート」社に12年11月に転売され、最終的にシエラネヴァダ社が17年5月に買い取っている。

「援助用機」として約束されている未来

米国政府は、世界中のあらゆる地域に米軍を派遣するのはもう無理であると気づき、むしろ、紛乱のリスクに常にさらされているような発展途上諸国の自衛能力や自治能力を構築する手助けをしてやることで、自由で安定した空間の拡大を長期的に図ろうと考えている。

その手段として、たとえば《軽空軍の育成》もあるのだ。

これは正確にはＬＡＳ（軽航空支援）と呼ばれ、まとまった数のライトアタック機を対ゲリラ用として発展途上国に贈呈し、米空軍が、そのパイロットと整備員の教育もしてやるのである。

もちろんＬＡＳの対象とされるような《失敗国家》には資金が無いのが普通だから、米国政府がメーカーから買い上げ、プレゼントする。

この政策の対象リスト国の筆頭がアフガニスタンで、次がレバノンであった。

まず２００９年に米空軍が、ＬＡＳとして援助するに適当なライトアタック機を決めようとした。

翌年、この公募にスーパーツカノ（シエラネヴァダ社）が応じ、デモンストレーションを繰り広げた。ライバル機の「AT－6B」（ビーチクラフト社）は2011年11月にコンペから脱落した。

2011年12月にスーパーツカノが選定され、6年前の雪辱を果たして、LAS用に20機の「A－29」と地上訓練用シミュレーター×1を、3億5500万ドルで受注。1ドル110円とすれば、1機19億5250万円か。ただしシミュレーター分が按分されている。

負けたビーチクラフト社側は不服で、弁護士総動員で勝負を振り出しに戻そうと画策したが、GAO（会計検査院）裁定によって黙らされた。

シエラネヴァダ社の組み立て工場は、ジャクソンヴィル国際空港に隣接し、1400人体制でスーパーツカノを製造している。英国製の射出座席と、カナダ製のエンジン以外は、米国産のパーツだ。

同工場からのスーパーツカノの完成品第1号は、2014年9月にロールアウトした。米空軍は、シエラネヴァダ製の「A－29」を受け取る国に対してのみ、トレーニングをサービスする。

アフガニスタン政府軍へは2016年から計26機が与えられた（そのうち1機は事故で喪失したという）。

2018年時点で同政府軍の航空部隊は、タリバンが一般村民を「人間の盾」にしていようともお構いなく空から攻撃する流儀で、ゲリラを有効に討伐できているという。これを米軍機がやったらゲリラに反米宣伝の材料を提供するだけだが、今のタリバンは「広域麻薬ギャング」に過ぎず、住民から嫌われているので、政府軍がやるのなら住民は怒らないようだ。

レバノン向けには、18年時点で２機が納品済みで、受注残４機を製造中である。

ＡＳＥＡＮ友邦と航空装備が共通になるメリット

米国務省と国防総省は、そろそろ日本の自衛隊・海保・警察等が、米軍の名代のようになって、まず手始めに、アジア太平洋地域の中小の友好的な諸軍隊・沿岸警備隊・警察部隊に、稽古をつけてやってくれないかと、念じているはずだ。「能力構築（Defense Capacity Building Assistance）」と呼ばれる、無形の軍事援助である。

しからば自衛隊は、何を教えることができるのだろうか？

また、ＡＳＥＡＮ諸国等のどんな軍事能力の構築を手伝うことが、最も安全・安価・有利に、儒教圏３国の横車をこの地域で封じ込める役に立つであろうか？

たとえば航空自衛隊がフィリピン空軍の能力を強化してやりたくとも、飛ばしている機材がぜんぜん違うのでは、訓練が成り立たないだろう。フィリピン空軍にはジェット戦闘機が事実上、無いからである。

またインドネシアの海軍と沿岸警備隊は、中共の「海上民兵」を武力で追い払うスキルを習得したくてたまらないはずだ。けれども、目の前で領海侵犯している中国船を威嚇銃撃することすら許されてこなかった日本の海上自衛隊に、その期待に応えてやることができるとは、ちょっと考えられない。

対ゲリラの歩兵戦術はどうか？

憚(はばか)りながら、フィリピン軍警やインドネシア軍警やマレーシア軍警の方が、わが陸上自衛隊よりも、対ゲリラ・対海賊の実戦スキルがよっぽど上ではないのか？ あちらは「常在戦場」で、日夜、殺したり殺されたりを反覆実習しているのだから。

この分野においても、陸自のライトアタック部隊こそが、「出張教育隊」としても適当で、費用はさしてかからず、且つ有意義だ。

沖縄からフィリピンまでなら、途中の空中給油なしで飛んでいけるし、基礎教程を現地で済ませたら、こんどは向こうから気軽に飛んできてもらって、洋上訓練空域で戦技を伝授すればいいのだ。したがって大部隊が長期出張する必要がない。

整備兵同士も、同じ飛行機をすぐにメンテナンスしてやれるようになる。これは、対《儒教圏3国》有事のさいに、フィリピン（マラウィ攻囲の終わった直後の17年末にスーパーツカノ×6機発注。19年中に取得の見込み）やインドネシア（11年6月に16機＋シミュレーターの輸入を決定、12年

フィリピン空軍も導入するEMB-314スーパーツカノ。
（写真／Embraer 社）

フィリピン空軍採用のスーパーツカノのイメージ。
（写真／Embraer 社）

7月に契約。同年8月、最初の4機＋シミュレーターが納品された。1機墜落し、現在15機保有）の滑走路に日本部隊が随時に「疎開」できることも意味する。

ライトアタック部隊同士の地域多国間ネットワークが、リアルに出来上がるだろう。

たとえばもし中共がスプラトリーの砂盛島からブルネイの沖合い油田利権を奪いに、水上ゲリラ船団を差し向けてきたようなとき、日本、フィリピン、インドネシアの連合航空部隊で、中共ゲリラを各所に殲滅することもできるようになるだろう。日本がそれだけのことをしてやれば、彼らもこんどは日本の窮地に手を貸してくれる。儒教圏3国は、逼塞するしかないはずだ。

やはり最初に考えるべきことは、この太平洋の尋常ではない広さである。

太平洋戦域の距離空間は、重量級のジェット戦闘攻撃機にとってすら、なお遠い。米海軍や海兵隊の航空隊にとって、太平洋で作戦する艦上戦闘機が母艦への帰投の途中で空中給油を1回受けることは、ほぼ必須の前提だ。スーパーホーネットやF－35Bですら、それが欠かせないのだ。

ひるがえって、タンカー（空中給油機）や、戦闘機部隊用の「空中機動整備班」の充実を二の次にしている日本の航空自衛隊に、沖縄県以南の友邦国飛行基地を「後方」として活用できる日がすぐ来るかといえば、無理だと断ぜざるを得ない。

米国の「バーデン」（重荷）を、マルチドメインの「のびしろ」がいちばん大きい陸自が、最も整備の手間が要らずディプロイアビリティの高いライトアタックを主軸として、シェア（分担）してやる——。

そのような国際貢献を太平洋地域で果たすことによって、日本の外交官も海外で威張って歩けるようになり、儒教圏3国はますます封じ込められ、近代自由世界に害を為せなくなるであろう。

米空軍自身も「A-10の後継に……」と想像した

米空軍は1960年代末に「A-1　スカイレイダー」（もともと海軍の艦上攻撃機だが空軍は海軍よりも長く愛用した）を引退させてから、プロペラ攻撃機を開発させたことがなかった。

しかし、イラクとアフガニスタンの治安作戦が泥沼化したと認識した2007年以降、米空軍は、対テロ戦争に最適の航空機として、プロペラ機を考えてもよいと思うようになった。

そして2017年3月、F-16よりも低速で、A-10よりも低空からCAS（近接航空支援）の可能な機体が、世界には複数あることを確認。その中から、新偵察攻撃機（OA-X）を選ぼうと考えた。

候補には、シエラネヴァダ社で製造する「EMB-314／A-29　スーパーツカノ」、テ

米空軍保有のA-29スーパーツカノ。（写真／US Air Force）

キストロン社製の「AT－6　ウルヴェリン」、エアートラクター社製の「AT－802L　ロングスォード」、およびテキストロン社製の軽ジェット「スコーピオン」などがあった。

2018年にはこの中からスーパーツカノとウルヴェリンの2機種に候補がほぼ絞られ、同年内にも勝者が決まるのではないかと観測されていた。

しかし米空軍は急に、新ライトアタックの事業プライオリティを引き下げた。2019年2月現在も、空軍は結論を急がない態度だ。

空軍幹部がいろいろなアナウンスをしているけれども、要は、19年度の国防予算全体が意外にシビアに絞られたため、既存の空軍制式装備から引き続き利益が得られる関係者集団による対議会のロビー活動も熾烈化し、空軍上層としては、それら金の亡者たちの運動にまきこまれて火傷をしたくないというところだろう。F－35やオスプレイやアパッチのような桁の違う高額プロジェクトではなく、むしろその逆の「安くてよい買い物」なので、根回し成功後の「儲けの分け前」も小さい。これでは部内の推進力（キャリアをフイにするリスクを冒してもやってやろうというモチベーション）も鈍る。

米軍は、ＣＡＳが必要ならば、アパッチＥ型の大編隊を使うことも、「ＭＱ－９リーパー」を途切れなく飛ばすことも、Ｆ－16やＦ－35を繰り出すことも、Ｂ－52やＢ－１戦略爆撃機を差し向けることも、よりどりみどりのお好み次第であって、そのどれを道具に選ぼうとも、負けることだけはない。

米国以外の多くの国々とは、そもそもの立場が異なり過ぎている。米軍にとっては、ライトアタックは必備アイテムだとは言えないのだ。

わが国は違う。

日本列島の防衛には、ライトアタック機は必備兵器である。

ＦＭＳ以外の入手先を確保すべき

２０１７年の日本の貿易収支は２兆９０７２億円の輸出超過だった。しかし対米貿易だけに着目すれば、日本が６兆９９９９億円の黒字。

トランプ大統領のような人から見れば「おまえらクルマを売りすぎなんだよ」と文句を言いたくなるのが当然な数字だろう。

トランプ氏の感情を宥（なだ）めるべく、日本政府はＦ－35Ａ／Ｂをオトナ買いするなどの対策を次々と打ち出している。（そんな彌縫策ではなく、もっと両国の安全が強化される方向での収支改善政策があることについては既著で何度か語ったので省く。）

さてそうすると、陸自のライトアタックも、ブラジルのエンブラエル社からの直輸入ではなく、米国シエラネヴァダ社製の「A－29」をFMSで輸入するべきなのだろうか？

筆者は警告したい。直輸入とFMSの「両建て」でスーパーツカノを「急速調達」するのが「大吉」である――と。

なぜなのか、理由を述べよう。

米国の武器輸出政策は、刻々と変動し、とても不安定である。

たとえばトルコやインドがロシア製の高性能な地対空ミサイルを調達しようとすると、対露経済制裁の音頭を取っている米国務省は怒って、代金受領済みのFMSの執行停止――のみならず、買い手国への経済制裁までもチラつかせる。

さらに米国連邦議会もホワイトハウスとは独立に、禁止法案や勧告決議によって、政府間契約たるFMSの履行を中断させたり妨害することができるのだ。

イスラムテロや麻薬犯罪に悩まされているフィリピン政府は、必ずしも米国流の司法手続きを「内戦」に適用しない。するとこれまた米議会は騒ぎ、フィリピン国軍には（フィリピン人民弾圧の手段となる）武器を渡すな――と叫び始める。

他方で敵がイランだとなるとスタンダードが変わり、たとえばサウジアラビア空軍が米国製の高性能戦闘機でイエメンの市街地をもう何年も無差別爆撃し続けていることにはキツいお咎めは一切向けない。《ゲリラの背後にイランがいるのでは仕方がない》というわけで、議会人もちょっとマスコミ向けにお体裁を語るばかりで、決して、サウジに対する経済制裁など発動されることはないのだ。

相手が少しでも立場の弱い政府だった場合は、同盟国であろうと容赦はない。カナダのボンバルディア社が補助金をつけて米国に旅客機を売っているというボーイング社からのクレームはすぐに米政府によって取り上げられ、カナダに対する経済制裁が検討される始末。

スーパーツカノのエンジンは、カナダのプラット＆ウィットニー社製である。瑣末な事案をめぐって米加関係が突如紛糾し、「Ａ－29」の製造ラインが「首なしツカノ」で溢れる――という事態だって、いつでも起こり得るのだ。

加えて日本外務省は、韓国絡みの対米宣伝工作にかけては屈指の劣等生だ。《３国同時事態》では、儒教圏が表と裏の総力を挙げて対米宣伝を打つ。韓国との戦争中に韓国からの裏工作で、日本が米国製の兵器・弾薬を入手できなくなるという事態だって、今から想定シナリオの一つに入れておかなくてはならない。米政府が「中立宣言」をした場合も、戦争当事者の２陣営のどちらにも米国製兵器は渡せなくなるのだ。

ブラジル・ルート（非ＦＭＳ）と米国ルート（ＦＭＳ）の２つの入手先を最初から確保しておくことが安全だろう。

それが、ハイペースでわが国のライトアタック部隊を育成することも可能にしてくれる。メーカーが違うと、製品の細部の仕様も変わってくるけれども、飛行中隊単位でメーカーを混ぜないようにしておけば、問題はない。

仕様が異なっていることで、敵からＥＣＭ（電子妨害）を受けたとき等、全機がいっぺんでやられてしまうというリスクを回避する保険にもなるはずだ。

「ライトアタック」機の初等教練などは民間企業の活用で

多数のライトアタックを機能させるためには、それに倍する「サポート隊」も必要になる。スーパーツカノは、従来の攻撃型ヘリコプター1機の値段で2～3機、整備できてしまう。陸自戦力の急速増強と省力化が同時に叶(かな)ってしまうわけだが、そうなると、新人固定翼機パイロットの育成だけでなく、いままで砲兵や戦車兵だった若い陸曹や初級幹部、あるいは無人偵察機等の導入によりボーンヤード（飛行機墓場）行きが進む小型回転翼機の操縦者であった人員の一部等を、あらためてプロペラ固定翼機の搭乗員としてコンバートするための教育訓練所要も、一時的に増すだろう。

機体やエンジンの整備員需要もまた、同様だ。

一般に航空部隊は、機体の数の2倍以上のパイロットやクルーを用意しておかないと、24時間のうちに5回とか10回も繰り返して出撃しなければならない——しかもそれが1週間続く——実戦の需要に、応えられるものではない。

本気で陸自を「軽空軍」化しようと考えるなら、1機のスーパーツカノに対してパイロットが8人くらい揃っていてもいい。複座機なので、それで4チームのローテーションが可能になり、病気や怪我の穴埋めにも、余裕ができる。

つまり機体が５００機あったとすれば、搭乗員だけで４０００人にもなってしまうわけだが、ライトアタックでなければ《バトル・オブ・尖閣》や《対馬海峡封鎖作戦》等に陸自は緒戦からのフル参加が期せないのであるから、他の兵科の充足率を減らしてでも、この「槍の穂先」に人的資源を集中していくことを考えるのが、内局・統幕・陸幕として合理的なのである。

さらに併行して防衛省は、「民活」の間口をもっと広げることで、支援部隊の需要をまかなうようにしなくては、複数の敵との「スピード競争」に勝てないだろう。

ある年度の予算が前の年度のうちに法的に固定されてしまっていて動かしようのない、弾撥性のない「官業」のみでは、急激な教育所要等の変動をフォローし切れないことは、最初から明らかである。

では、どうするか。

自衛隊を定年退職（もしくは早期退職）した、固定翼機操縦者免許を持っている人材を中核に、官公署やそれに準ずる顧客のために小型航空機の操縦の初歩の教習を提供し、時には官公署から特別な戦略輸送業務も受託する、小規模な会社を設立するのがよいのではないか？

米国にはこの種の、特殊な「官需」を引き受ける航空会社が複数ある。

それらを手本にすればよいのだ。

たとえばアフリカの僻地から「エボラ出血熱」を発症した日本人の患者を輸送してくれ、といった頼みを、労組が強い普通の民間航空会社が、ハイ分かりましたと引き受けてくれるだろうか？　ウィルスを空からばら撒かないような特別な機内設備が不可欠だし、搭乗員には危険な仕事を断らない特別な感性も必要なのだ（兵頭の既著『ＡＩ戦争論』の第6章で、米国のＡＴＡＣ社やフェニックス・エアー社の事業内容について説明をしてある。併せて参照されたい）。

つまるところ、官公署からの頼みをうけたときは危険地域への飛行を拒絶しない旨、定款に明記してあるような、特殊な「会社」が必要なのだ。

その新会社の存在は、日本中から支持されるだろう。海外紛乱事態下でのエバキュエーション（邦人総脱出）にも飛んでくれるのだから。労組の強い大手民航会社には、その真似はできない。

同様にして、官公署の航空機の元整備員だった人材を中心に、機材の

イラク政府軍に供与されたセスナ208改造型がヘルファイアを発射している。この原型民間型「キャラバン」は空虚重量2.2トンで航続2539㎞。大手運送会社が僻遠地への小荷物配達用に大量買いした単発機だ。（写真／ウィキペディア）

外注整備を請け負う、別な特殊な「会社」もできるだろう。納税者も含め、誰も損をしない話である。

これらの民間会社が、たとえば下地島空港のような、スペースのすいている空港に「事業支所」を展開する。

あるいは戦前のように、「献納飛行場」を受け入れてもよかろう。日本の地方には、そのような過疎飛行場用地が複数ある。

この新しい民間整備サービス会社は、有事には、少人数の整備員とスペアパーツを離島のミニ飛行場まで送り届けられるような、軽便輸送機（世界中の軍隊と民間に売れている「セスナ208 キャラバン」のようなもの）を自前所有していることが望ましい。

また、初級操縦を教える複座の固定翼機体を、最初からブッシュプレーン（ごく短い距離の滑走だけで河川敷のような不整地でも離発着ができるタイプの、固定脚レシプロ高翼単発機の総称）にしておけば、その航空機をそのまま有事に、離島への連絡輸送機として用いることもできるだろう。

新会社は平時にこれらの航空機を使い、航空自衛隊のレーダーサイト勤務者のような、僻地から僻地への転勤で「異動貧乏」に陥ってしまう幹部世帯の引越し輸送を、重量や容積に上限を設けた上で安価に請け負うことも、可能になるだろう。僻地勤務者にこのくらいのサポートもしてやらないから、自衛官の成り手はどんどん減ってしまうのだ。

有事の「給油」サービスすらも、「民活」は可能である。

米国にはなんと、米海軍機や豪州空軍機等に対して「空中給油」をしてやれる民間会社まで存在している。「オメガ・エアリアル・リフューリング・サーヴィセス」といって、ヴァージニア州に本拠があるが、呼ばれればグァム島までも出張し、たとえば2018年10月には米海兵隊の「MV－22」×8機が豪州ダーウィン基地からウェーク島経由でハワイまで飛び戻る途中をエスコートしてやっている。

陸自航空隊の場合、空中給油は必要ないが、直線道路や空き地を臨時飛行場とした場合、そこに地上から灯油タンクローリーがアクセスできなければ、空中から燃料を補給する算段を講じなければならない。そのサービスも、特殊民間会社の業務の一つとしてよいだろう。

ただし陸自の航空隊は、同じスーパーツカノに1～2個の余分な増槽を抱えさせて現地に派遣してやることでも、臨時の給油はできてしまうことを、忘れてはならない。

あとがき

万物は流転を続けます。

理想的、あるいは現実的だとされた国防体制も、例外ではありません。時代が変わると、「国軍」の編制や装備からして、ガラリと変える必要に迫られてしまうのです。

今にはじまった話でもなく、有史以来、幾度となく、そうやってピンチは乗り越えられてきました。

わが国も、何回も変化を遂げたからこそ、今も存続しているのでしょう。

幕末以降の近代に限っても、維新期、日清戦争前、第一次大戦前、戦間期……。先の大戦前後は、いわずもがな。戦後も引き続いて、国防組織の方向転換が数度、実施されてきました。

これまでそうだったように、また将来も、わが国をとりまく「地政学的な環境」や「軍事技術的な環境」は、わたしたちの希望や都合とは無関係に、容赦なく変化し続けるでしょう。

その環境に適合しなくなった防衛体制を、もしもわたしたちがぼんやりと修正もしないで過ごすならば、おそらく次の動乱は乗り切ることができません。日本国民に人としての自由を保障してくれているありがたい空間は、あっけなく消えてしまうでしょう。

有史いらい、大きな帝国、強い政体が、幾つも栄えては消滅しました。同じ社会制度を保ち続ける国家の方が、むしろ例外的です。

サバイバルの見本である生物も同様です。これまで絶滅をしないで形態を維持した「種」の方が珍しい。進化とは、変化による絶滅回避に他なりませんでした。

今から4億年前、昆虫は、陸上にあらわれてから2000万年にして、突如、翅を生じさせたそうです。中間的形態の化石が見つからないため、その進化は一挙に急速に完成したと考えられています。

どのような環境の変化が彼らをそうさせたのか、いまだに学者たちも突き止められずにいるようですが、ひとつ確かなことは、変化を拒んで翅を持たなかった昆虫のほとんどは、短期間に地上から消えました。

変化を拒めば、……死。

かといって、適切な変化をしそこなっても、死は待ちかまえています。

現代のすべての国家も、同じでしょう。

本書は、地政学上の所与条件の変転により、南西諸島防衛にも、対韓国防衛にも、陸上自衛隊がほとんど貢献できなくなってしまった経過を、特にAH（攻撃型ヘリコプター）に焦点を当てて、他国軍とも比較しながら辿ってみました。

また、北京政府に後押しされた韓国政府が日本攻撃を軍に下命し、それに水面下で北朝鮮も協力する《3国同時事態》のなりゆきを予測し、中共軍と韓国軍がもし東西同時に攻め寄せてきたとしても、日本の防衛態勢が破綻しないようにするためには、今から陸上自衛隊が「軽空軍化」している必要があることを、具体的に固定翼軽攻撃機（ライトアタック）の名を挙げて、論述しました。


ポスト冷戦期の陸自のヘリコプターをめぐっては、最高裁まで裁判で争われるだとか、東京地検がメーカーを家宅捜索するなどの醜聞を、マスコミ経由でよく耳にしたものでした。

私はそのたびに「これってどういうことなんだ？」とは思っていたのですが、兵器の調達に関する情報は非公開が基調であるうえに、偶然、個人的にも高い関心がある分野ではなかったために、よく調べようとも思わずに、いつしか忘れていました。

しかし今回この本を書いてみて、微かながらも事情が見えてきた気がしています。

戦後の陸自のAH（とOH－1）は、旧軍の「戦車」と似ていたのではないでしょうか？

旧陸軍の省部エリート将校には、昭和になってから創設された「機甲科」の出身者は稀でした。明治からある「砲兵科」「工兵科」の将校たちですら、いくら優秀な者でも、参謀本部の作戦課や、陸軍省軍務局の軍事課などの中央エリート街道を歩きにくかった。機甲科将校たちがそれに輪をかけて、陸軍省や参本の「歩兵科」出身のエリート幕僚たちから理解してはもらいにくい存在であったのも無理はなかったでしょう。

その結果、どうなったか？

戦前のわが国では、《戦車のことはよく知らないが、ドイツやソ連でも整備しているから》という「洋行留学コンプレックス」まる出しな理由で漫然と多額の戦車予算が計上され続け、それによって日本軍には一層必要とされていたはずのトラックや牽引車の生産資材充当が皺寄せを被り、また、他の軍需品をさしおいて輸送船に搭載してはるばる南方島嶼まで持ち込まれた戦車は、あたかも歩兵を指揮するような感覚で錯雑地の夜襲などに投じられてみたものの、暗視装置など無い当時には自己位置の把握すらままならず、ついにそのコストに見合った働きを米軍相手に示すことはなく、あたら貴重な軍事資源の無駄遣いにおわったのです。

ポスト冷戦期に「AH－1」の後継戦闘ヘリコプターを決めた頃から、陸上自衛隊の幕僚監部の中に、それによく似た「惰性」が生じていたのではなかったでしょうか？

環境変化のめまぐるしい時代には、国軍の装備も「これはもう使えないのではないか（旧需要）」「いま何が必要になっているのか（新需要）」と、常に自問自答を心掛けていかなかったならば、本番でいくら後悔したって手遅れになるでしょう。

さいわいに、わたしたちは、「AHはもう使えなくなっている」「いまは陸自用にライトアタック（固定翼軽攻撃機）が必要になっている」と、《3国同時事態》が起きる前に、気づくことができました。

本書の出版にあたっては徳間書店の力石幸一さんに御厄介をかけました。記して厚く御礼申し上げます。

【引用データ等の出典について】

本書執筆のためのデータを参照しました過去の軍事ニュースの元記事の多くは英文で、その抄訳（摘録）は、過去の兵頭二十八のブログ「放送形式」で逐次に公開されています。もちろん、今回あらためてグーグルで検索し直した情報も少なくありません。世界の大勢の情報発信者の方々に、この場で御礼を申し上げたいと思います。

兵頭二十八（ひょうどう　にそはち）
1960年長野市生まれ。陸上自衛隊第２戦車大隊（当時）に２年間勤務した後、神奈川大学英語英文科、東京工業大学社会工学専攻博士前期課程（江頭淳夫研究室）、月刊『戦車マガジン』編集部などを経て、現在は作家・評論家。著書に『日本転覆テロの怖すぎる手口――スリーパー・セルからローンウルフまで』『隣の大国をどう斬り伏せるか――超訳クラウゼヴィッツ「戦争論」』『「日本陸海軍」失敗の本質』（以上、ＰＨＰ研究所）、『アメリカ大統領戦記』（２巻・草思社）、『ＡＩ戦争論』（飛鳥新社）、『米中「ＡＩ大戦」――地球最後の覇権はこうして決まる』（並木書房）、『日本史の謎は地政学で解ける』（祥伝社）、『精解　五輪書』（新紀元社）、『東京と神戸に核ミサイルが落ちたとき所沢と大阪はどうなる』（講談社）、『「地政学」は殺傷力のある武器である。』『日本の兵器が世界を救う』『空母を持って自衛隊は何をするのか』（以上、徳間書店）など多数。函館市に居住。

日韓戦争を自衛隊はどう戦うか

第１刷　2019年4月30日

著　者　兵頭二十八
発行者　平野健一
発行所　株式会社徳間書店
〒141-8202　東京都品川区上大崎3-1-1
目黒セントラルスクエア
電　話　編集(03)5403-4344／販売(049)293-5521
振　替　00140-0-44392
印　刷　三晃印刷(株)
カバー印刷　真生印刷(株)
製　本　ナショナル製本協同組合

ISBN978-4-19-864837-4